顶级样板房 V

本书编委会·编

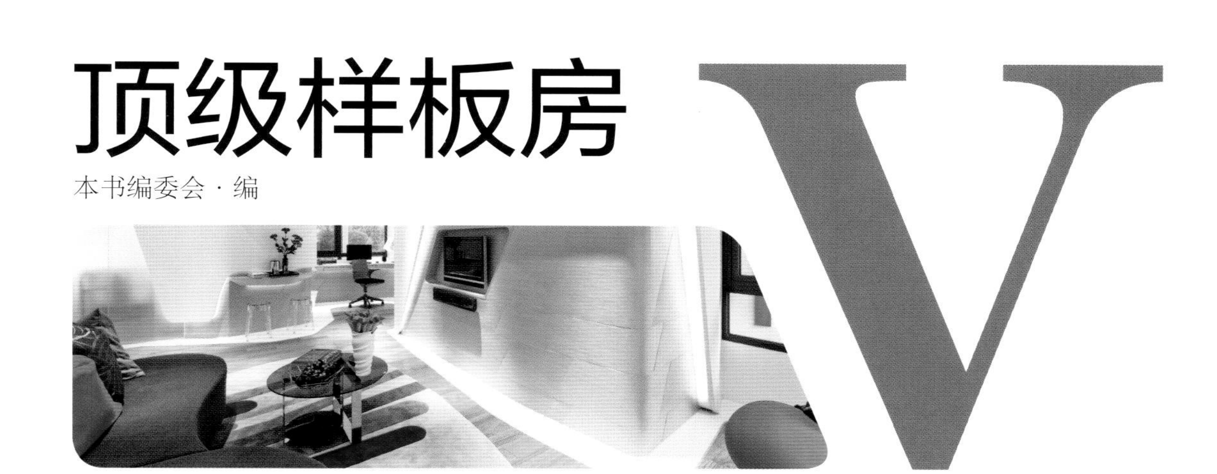

中国林业出版社
China Forestry Publishing House

图书在版编目（CIP）数据

顶级样板房. 风格大观 / 《顶级样板房》编委会编
. -- 北京 : 中国林业出版社 , 2014.6
ISBN 978-7-5038-7508-3

Ⅰ. ①顶… Ⅱ. ①顶… Ⅲ. ①住宅－室内装饰设计－
作品集－中国 Ⅳ. ① TU241

中国版本图书馆 CIP 数据核字 (2014) 第 107388 号

中国林业出版社 · 建筑与家居出版中心
出版咨询：（010）8322 5283
责任编辑：纪亮 王思源

出版：中国林业出版社 （100009 北京西城区德内大街刘海胡同 7 号）
网址：http://lycb.forestry.gov.cn/
E-mail：cfphz@public.bta.net.cn
电话：（010）8322 5283
发行：中国林业出版社
印刷：北京利丰雅高长城印刷有限公司
版次：2014 年 6 月第 1 版
印次：2014 年 6 月第 1 次
开本：240mm×320mm 1/16
印张：19.5
字数：150 千字
定价：380.00 元

鸣谢：
感谢所有为本书出版提供稿件的单位和个人！由于稿件繁多，来源多样，如有错误出现或漏寄样书，敬请谅解并及时与我们联系，谢谢！电话：010-83225283

目录

中式风格

欧式古典风格

新古典风格

Contents

美式风格、法式风格

现代风格

中式风格
Chinese style
P6-85

株洲栗雨湖项目

ZHUZHOU LIYUHU PROJECT

主案设计：陈俭俭
项目地点：湖南株洲
项目面积：120平方米
设计公司：柏舍设计（柏舍励创专属机构）
主要材料：石材，艺术布艺，艺术墙纸，艺术玻璃等

本案位于自然环境优越的株洲市栗雨中心商务区，自然环境优越，将被打造成未来城市副中心高尚人居生态社区。

本户型主要针对40~50岁的成熟型客户，三代同堂，对居住空间有一定的品位要求。设计以简约舒适为主基调，提取月季花为装饰元素，利用木肋和硬包拼花使“花语”贯通全屋，配合带有中式色彩的软装饰品，提升了公寓的整体档次。

原户型为三房两厅形式，设计师在分析原建筑平面布局后调整优化，将原入户花园作玄关功能布置，增加样板房的情景展示功能。将原空中花园改为餐厅，体现户型的实用性，以及优化空间比例和尺度；客厅主幅利用实木竖肋拼花的图案作为设计元素；茶室装饰框利用现代的材质，结合东方元素，配合软装饰品丰富空间层次。

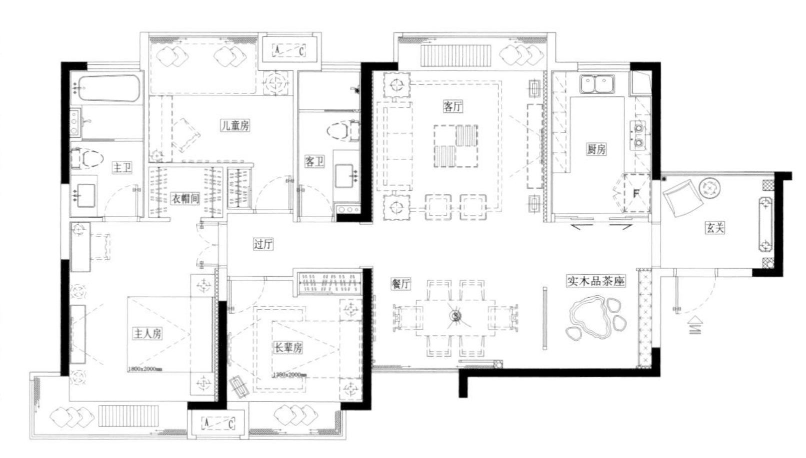

主人房主要以3种颜色的硬包工艺拼出月季花的抽象图案，成为整个空间的亮点，另外主人房增加衣帽间功能，提升了主人房的奢华感和舒适性。设计师还在过道末端增设方形过厅，并将主人套房门作双门设计，以减低过道的沓长感，同时突显区域的重要性。现代士大夫的风雅生活正在慢慢复兴，品茗听曲，看画弹琴，时光的流逝在一片温婉恬静的气氛中慢慢荡漾开去。

深圳首誉样板房I

SHENZHEN SHOUYU MODEL I

主案设计：戴勇
软装设计：戴勇室内设计师事务所&深圳市卡萨艺术品有限公司
项目地点：广东深圳
项目面积：120平方米
设计公司：Eric Tai Design Co.，LTD戴勇室内设计师事务所
主要材料：灰木纹云石，雅士白云石，印尼火山岩，铁刀木饰面，橡木地板，麻草墙纸

本案位于深圳观澜，项目周围是自然的田园景象，室内设计传达给人宁静悠远的中国式建筑的平衡之美，用现代简洁的手法营造质朴的禅宗意境。

一杯茶，一本书，静揽一室的儒雅，感受心底的宁静。地面拼纹的灰木纹云石，墙面深色的铁刀木饰面，米灰色的麻草墙纸，走道对面的佛像慈眉善目，茶几托盘上的兰花清新高雅，在柔和的灯光中呈现出沉稳内敛又自然质朴的中式意韵。

设计师精心设计的家具，悉心选择的古瓶、台灯、挂画、茶具、花艺等陈设物件，无不体现出返璞归真后的静谧感。设计手法退去繁琐的表象，挥洒有度的笔触，不着痕迹地传达出“采菊东篱下，悠然见南山”的情怀。

闲时泡一壶清茶，细细品味东方的禅意古韵，自有一番回味悠长。

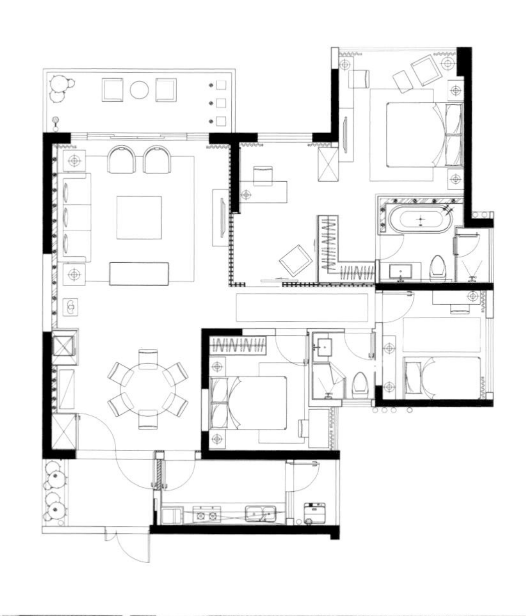

CHINESE STYLE

CHINESE STYLE

无锡悦城花园样板房

WUXI YUECHENG GARDEN LAMINATE

主案设计：王冠
项目面积：120平方米
设计公司：深圳市矩阵纵横设计公司
供稿单位：深圳市矩阵纵横设计公司
主要材料：柚木染色，墙布，手绘墙纸，木地板，白洞石

本案例为120平米的四方户型，紧凑而又实用用，设计师在设计时将古韵风融入了这套靠近京杭大运河的平层住宅中，将无锡本地的秦淮风景与我们当下的都市生活悄然结合。

整体空间定位为新中式风格，以柚木染色、墙布、手绘墙纸、木地板、白洞石等材料营造内敛的空间氛围；素雅，温馨的深色调，让中式的味道在空气中慢慢弥漫开来，沉稳中渗透着现代的生活气息。

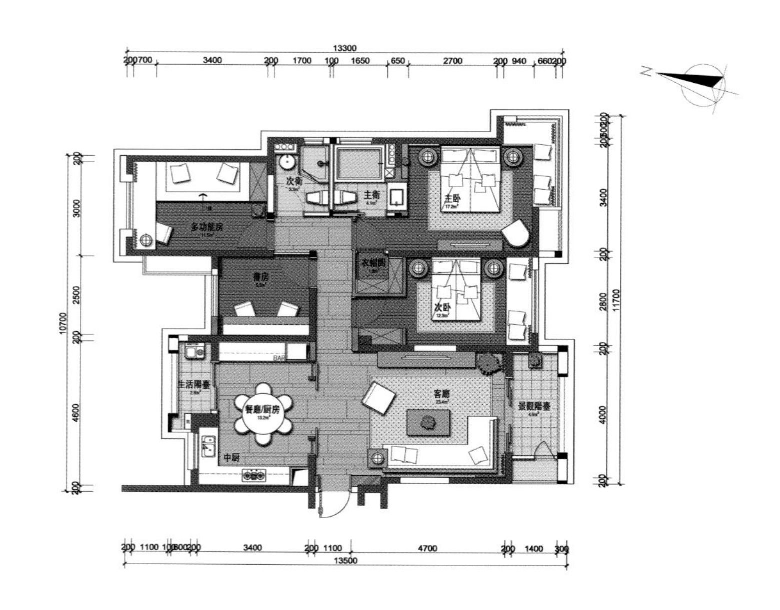

空间设计线条简洁流畅，中式风格的软装中还点缀着东南亚的元素，使空间散发着东方的迷人韵味；整个空间划分布局也尊崇和沿用了中式人居中常用的中正稳定的对称手法；客厅的沙发背景墙，是一副娟秀的淡墨绿花鸟工笔画，与木质家具相搭配映衬，儒雅中透着秀气；以中式窗格花纹做装饰的隔断分隔开了餐厅与客厅，通透的感觉让人不觉压抑，同时为空间增添了层次感；一张木石结合的圆餐桌配上有明式家具影子的丫骨椅，呈现的是中西文化的交流；而餐厨空间共用的设计，体现的是传统与现代生活方式的融合；主卧室配合整体设计风格，背景墙同要运用的淡墨绿花鸟工笔画配窗格格栅装饰，素洁的麻布地毯，发出淡雅灯光的纸质台灯，装点出一个端庄、温馨的卧房空间。

星河南沙项目A16别墅样板房

XINGHE NANSHA A16 PROJECT VILLA MODEL

主案设计：矩阵纵横设计团队
软装设计：矩阵茗萃
项目面积：600平方米
主要材料：爵士白，孔雀金，新月亮古，实木地板，黑镜，灰镜

本案作为新中式主义的现代中式设计，不再以堆砌传统元素来刻意强调风格，而是将中式元素化为居室中看似不经意的点缀，虽不浓烈，却因其淡淡的韵味，让人回味无穷。现代为形、中式为魂是本案的设计精髓，经过现代改良的中式玄关、柜架、隔栅，撇去了传统中式的繁琐沉重，简化为更具抽象意义的符号，出现在各个角落内，往往给人意外的惊喜。

色彩上大量运用棕色、灰色和米色来展示中式风格的儒雅、沉稳，又混搭使用玻璃、金属等具有很强光泽感的材质，给传统中式融入时尚感。多处通透的隔断设计，不仅符合中国传统“犹抱琵琶半遮面”的含蓄美，又能起到分割空间和过渡作用。

客厅：

客厅里摆放的茶几电视柜，采用统一原木材质，纹理清晰而美丽，造型一圆一方，符合中国传统的“天圆地方”的美学思想。电视背景墙采用大理石材质，放射状的线条对称分布，两侧柜格内的陈设也对称摆放，与中国传统的“中和之美”的审美观念相契合。大面积不规则几何图案的地毯则打破了这种传统的平衡，带来别具风情的时髦气息。整个客厅，空间开阔，线条硬朗，色彩典雅，气质高贵。

卧室：

卧室的设计延续了客厅的设计思想，将中国传统的审美观念以理念的方式融入具有现代感的造型中，使时尚和典雅并存。两个卧室在色调上统一，床头背景墙都采用了软包手法，增添了温馨感和舒适感，昏黄柔和的灯光更是能让人身心放松。

万科-320五街坊

VANKE-320 WUJIEFANG

主案设计：Eva潘及
项目地点：上海
项目面积：320平方米
设计公司：IADC涞澳设计公司
主要材料：榆木，皮，水晶，丝绒，银器，陶瓷，玉佩

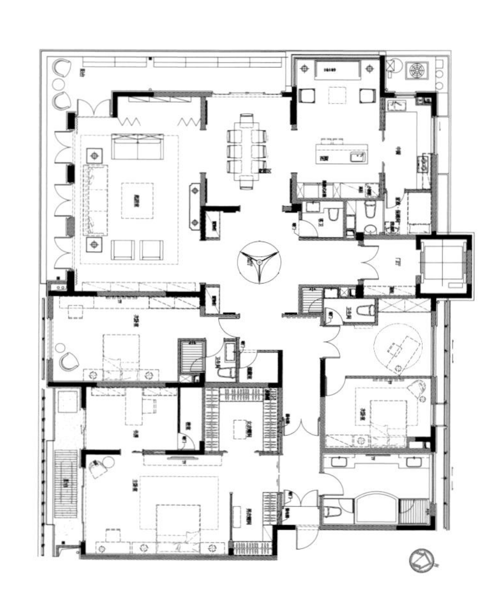

是什么样的生活方式设计风格，属于我们当代主流？它既保持我们文化的传承，又不缺新时代的气息，我们常常思考着……

在这个案例中，我们运用东方元素，通过家具、面料、饰品来表现，同时也利用了一些西方的方式和当代的表现手法。颜色的跳跃，材质的多元化使得空间游走在东方文化和西方当代生活的碰撞中，呈现丰富且具有内涵的气质。

在设计过程中，还灌入了整个人物主题背景，以他的特点作为设计脉络，男主人以一个金融投资者为人物定位，留学归来，身受西方的教育；女主人则是一个热爱艺术的全职妈妈。家有一儿一女，生活非常美满。他们有着一样的爱好，就是收藏画和摄影作品。女主人对艺术的品味，和对生活的热爱在空间中体现得淋漓尽致，正是这样的人物背景，让我们的空间中弥漫着东西混合的特殊韵味。其中我们还运用了HER MES的主题，来延续他们的爱好，比如骑马等等。价值不菲的Hermes马鞍、餐具、毯子等等，让空间增色。来自意大利Armanicasa、Flexform、MINOTTI等等的家具，更是世界最高端的家具品牌。Baccarat水晶灯是被认为是法国的皇室御用级水晶品牌，是显赫、尊贵的代名词。PR OFOMAINVOICE儿童家具的顶级品牌德国Fink、AD、英国halo的饰品，由知名设计师kelly hoppen操刀设计。更让空间靓丽精致……

我们从空间中引领大家走入东方的意境，西方的时空。

H

AKON
Green Date

DANCE

融侨外滩5E样板房

RONGQIAO BUND 5E MODEL

主案设计：林开新
项目地点：福建福州
项目面积：223平方米
设计公司：福州林开新室内设计有限公司
主要材料：大理石，不锈钢，艺术玻璃，墙纸

一个样板房，必须有特色，通过色、形、摆设的搭配来创造能够吸引人的空间效果。本案设计师采用独具一格的演绎方式，赋予中式风格全新的生命，致力从简单舒适中体现生活的精致。在这里，传统符号与现代元素完美融合，设计师有意识地整合多元文脉，协调细节，塑造出不同凡响的奢华气氛和空间内涵。

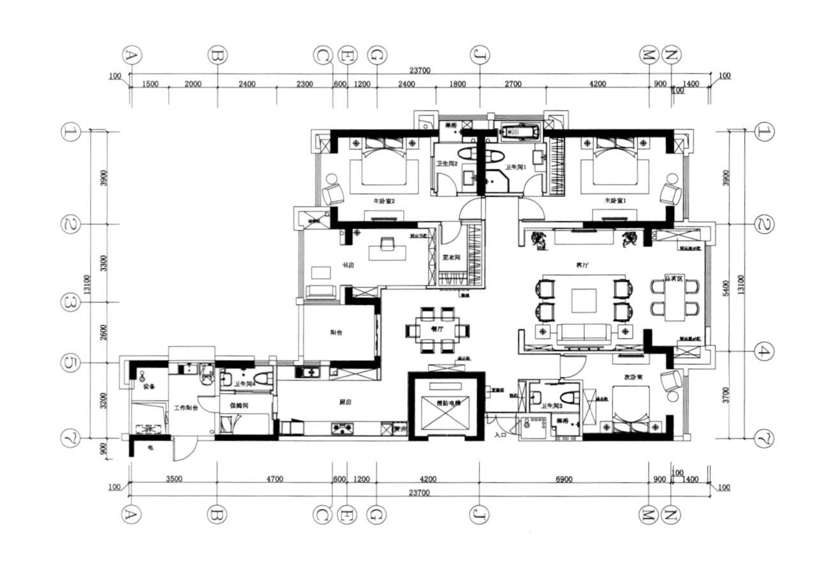

公园住宅

PARK RESIDENCE

主案设计：凌子达，杨家瑀
项目地点：天津
项目面积：280平方米
设计公司：KLID达观国际建筑室内设计事务所
主要材料：拉提木，闪电米黄，欧洲茶镜，碳色拉丝不锈钢

这个项目是天津万科公司在天津开发的项目中最高端的一个楼盘——柏翠园。这户型是一个复式的房型，拥有许多挑空空间，可以增加面积和功能，而且开发商在原本的户型中也不去设定楼梯的位置，留给设计师更多发挥设计想象的空间，也有更多自由设计的可能性。

经过整体规划后决定把楼梯放在户型里中间的位置，在动线上是去所有空间中最短的距离，其次在一楼入口进门处可直接看到楼梯，楼梯本身就像是雕塑，挑空位置设计了水晶灯，使视线一直延伸至二楼。整体设计风格十分纯粹雅致，单一的材料大面积地运用，使空间色彩配置更为纯净，软装家具设计也以浅色系为主。

SKG

十方别墅

THE TEN SQUARE VILLA

主案设计：凌子达，杨家瑀
项目地点：浙江杭州
项目面积：600平方米
设计公司：KLID 达观建筑工程事务所
开 发 商：杭州金地中天房地产发展有限公司
主要材料：壁纸，大理石，木皮，钢化玻璃
摄 影 师：上海达观建筑工程事务所

中国文化有4000多年历史，在中国人的生活中影响非常深远，“融入中国文化思想”是本案的设计主题，主要分成2部分——“风水”，“水墨画”。

风水：中国人讲究风水，因为它会影响人的身体健康，风水的真义是“自然”，讲求人与自然的结合，利用自然的三元素——阳光、空气、水，贯穿在室内空间。

原本的建筑是一个狭长的户型，在中间有一个室外的中庭。首先，在中庭上方封了玻璃天窗，并拆除了中庭的墙体，使室外中庭变成室内中庭。

阳光——和煦的阳光透过玻璃天窗洒向室内的每个角落，直到地下室。

空气——因为地理气候的关系，中国人很注重“南北通风”，在拆除中庭的墙体后，空气对流，达到了南北通风。

水——在一楼中庭设计意静的水池，看似平静但却流动着，切开一个洞口让水流向地下室的SPA池，同时在SPA池形成了水帘，一楼的水池和地下室的SPA池是整体的循环系统，流动的水代表着“生生不息”。

水墨画：水墨画代表着中国绘画艺术，把绘画的手法耘化到室内空间中。

“远方有山，近处有湖”——采用了山水纹的洞石，铺贴在墙面上，从客厅延伸至中庭，代表绘画中远方的山岳，而一楼的水池则代表了绘画中近处的湖。

“荷花”——在主卧室的墙上与天花，请画家画了一幅象征文艺气息的荷花。

天津博轩园9E户型

TIANJIN BOXUAN TYPE 9E

主案设计：陈贻，张睦晨
项目地点：天津
项目面积：160平方米
设计公司：风合睦晨空间设计
主要材料：木纹石，实木地板，麻质壁纸，石材马赛克，白色乳胶漆

生活本身就是艺术创造的基础，唯有把生活本身当成艺术创造和审美的过程，才能彻底领悟生活的意义。追溯千古，真正的生活应该和植物、鸟语、平和、度假、休闲等结合在一起。而现代的生活紧张、急促，我们都迫不得已的过着本不属于自己内心的快节奏生活，在室内的装饰风格上，也都追求奢华、繁琐的装饰风格来满足我们忙碌过后的不平衡感。但这是我们内心的真实向往吗？相信在这个繁华的都市里，我们都希望有一块地方，回归原始，沉淀心灵。这正是设计师陈贻和张睦晨想要带给我们的一种淡泊宁静的生活方式。

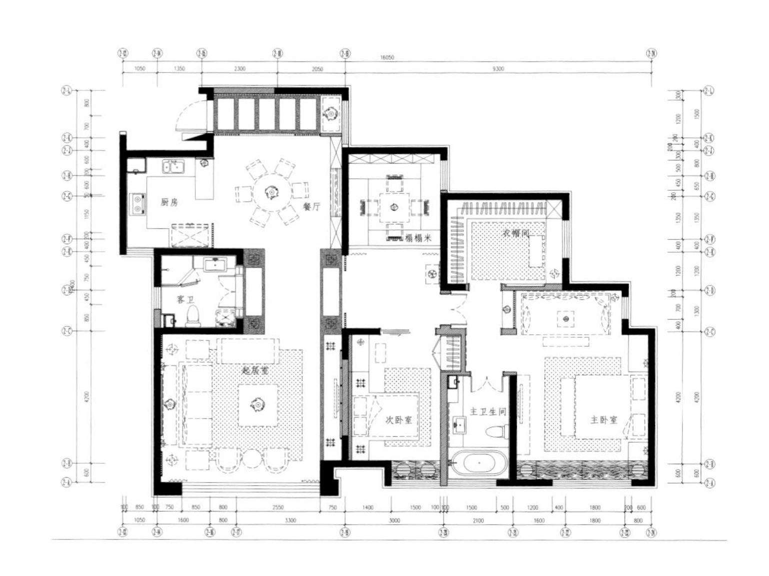

此项目样板间就是设计师为提供给主人以修心养性及收藏会友所量身定做的私人场所。空间以传达轻松、舒适、放松的氛围为目的。推门而入，“绿竹入幽境，青萝拂行衣”，这全靠两旁的木质格栅所营造出的氛围。这个木质格栅的设计灵感来源于竹子，设计师陈贻及张睦晨借用竹节的形式，设计了这种木质格栅的样式。脚底的踏石加上青嫩的竹叶，带给人一种自然亲切、平静放松的感觉，悠闲、随意的生活意境尽显眼底，浓郁的东方禅意气息随之而来。

每一块石材、每一种材质、每一件摆件都在设计师的看似随意地安排下融入到整个空间中。茶室榻榻米的形式更是带给人一种放松感和亲切感，一个小桌、两个草垫，便可轻松品茗、悠然地下棋。

设计师陈贻和张睦晨通过运用现代造型方式和传统中式形式语言的结合，在平层公寓中尽力营造出一种具有浓郁的东方文化气息特色的氛围，进入空间后能感受到具有中式的空灵与原始的淡泊气息的生活方式。

与如今的一些洋房洋楼所对比，这套样板间所传达出来的新中式风格，使人感觉历久弥新，我们能感受到一种相对的时间差异感所带来的宁静，一种设计师所营造出的时间的美感。“离别繁华世，归隐山竹林”，陈贻和张睦晨力求通过我们的生活环境带给我们一种温暖、放松、安逸、祥和的感觉。陈贻和张睦晨这次带给我们的设计，充分满足了居住者的艺术情趣和归属感，带来一种我们曾经羡慕的生活状态：宽敞、个性、私密、闲适、幽雅、唯美和回归自然……

天津红磡领世郡普林花园C户型

SPRING GARDEN IN HUNG HOM LED TIANJIN COUNTY

主案设计：陈贻，张睦晨
项目地点：天津
项目面积：650平方米
设计公司：风合睦晨空间设计
主要材料：地面：灰木纹，保加利亚灰，白木纹，丰镇黑，实木地板
立面：壁纸，黄花冰玉，木饰面，石材马赛克
天花：白色乳胶漆

禅之意境、空之精髓。

温润含蓄，清雅幽远的新中式风格是在当前纷繁喧闹的大时代背景之下演绎出来的对中国传统文化意境充分理解的基础上进行的类似精神回归式的现代设计。在造型上，以简单的直线条表现中式的古朴大方。在色彩上，采用柔和的中性色调，给人优雅温馨、自然脱俗的感受，将传统风韵与现代舒适感完美融合、将现代元素和传统文化自然融合在一起，以现代人的审美需求来打造富有传统韵味的建筑空间，让中国文化底蕴在当今社会得到合适充分的体现。中式意境的营造不但需要环境空间的烘托，更需要精神文化的濡染。

曾就读于中央美院国画专业的跨界设计师陈贻和张睦晨凭着对中式文化的独到理解，在此空间中更多推崇的是文化精神层面集含蓄和空灵为一体的禅意境界。禅——静虑、定心，虚灵宁静，质朴无暇，回归本真，是一种境界，是一种生活态度；境——有形和无形之间，隐约中的含蓄意境，正是东方精神气质的自然流露。空间中通过使用当代的造型语言方式去寻求中国传统文化脉络延续的根源；文化精神的延续和气质空间的呈现是此次设计寻求的最本质的诉求点。就像她们在接受媒体采访时说过的，“意境就是画外弦音，他弥散在空间的每一个角落和空间体验者的感官意念里，虚境的营造才是最致命的；因此空间的每一处造型、比例、光线、质地以及色彩关系都是为了配合虚境的营造，虚与实之间的微妙关系需要严格把控；关系有了，意蕴就有了；意蕴有了，意境就有了；意境有了空间就有了。”虚境的营造——设计师运用这种极致的设计手法，将其对“禅”的所有理解凝聚于此并发散至整个空间。

该空间中大量运用了中国传统的木质构成的可移动隔屏，其形式内敛恬静，隔屏的形式来源于设计师对于传统纹样的理解和剖析，隔屏纹样几乎成为整个空间内唯一的传统视觉构成元素。隔屏的运用体现中国文化中讲究虚实相生、景物相透的造景理论。虚境通过实境来实现，实境又在虚境的统摄下来渲染，虚实相生成为该设计独特的结构话语方式；而整个空间布局和氛围营造则呈现出来东方生活美学心灵梦乡的格局。原建筑四个楼层之间通过互透关系做到你总有我我中有你，极力做到既能开敞通透便于互动，又可欲言还止随即遮蔽。无论步至何处皆令人感受到那令人留连之感，但人间绝色亦好像又在那隐约别处。置石、静水小景以及大面积的计白当黑好似以传统山水画为底色，调弄出氤氲山水之气。生命的意义在这里得到重新调整，就像是再次回到了那令人安定淡泊的寻常旧屋，似乎能再次寻回失去已久的感知以及属于自己的静梦。

设计师让建筑的体验者体味出了传统文化中意欲传达的那些虚像和空灵的境界，让空间具有了深刻的人文精神，同时也通过现代的造型方式与传统中式意象语言的结合，在此空间中尽力营造出了浓郁的中式空灵与原始的淡泊气息——禅之意境。

黄河街27院—总裁官邸

YELLOW RIVER STREET 27-PRESIDENT'S RESIDENCE

主案设计：万宏伟
参与设计：杨永豪，王国边
项目地点：浙江宁波
项目面积：480平方米
设计公司：宁波汉文设计
主要材料：米色砂岩，鸡翅木，进口乳胶漆

本案位于宁波市区的优越地段，项目精巧而高端，仅27套房，每套为500平方米的大平层，定位于高端商住两用总裁级官邸。设计师通过解读建筑空间的特质，希望能做到室内外设计风格的"表里如一"，将之解读为会所式专属空间。

解构原有建筑面积的平面功能，梳理大平层空间的动线，强调公共空间轴线，空间结构完整统一，分配动静空间的形态，提炼大平面的临江风景优美的优越开阔视野和人文底蕴、低调内敛暗香浮动的气质，抛开浮华的设计表象，直达内心的感受。

我们也想通过这个项目的设计，对高端项目及精英新贵的工作、生活场域有一个新的理解，对专属与定制空间需求有一个新的尝试。

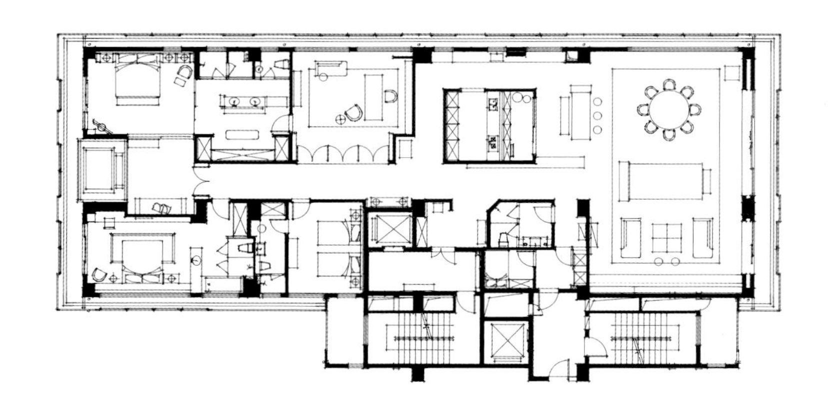

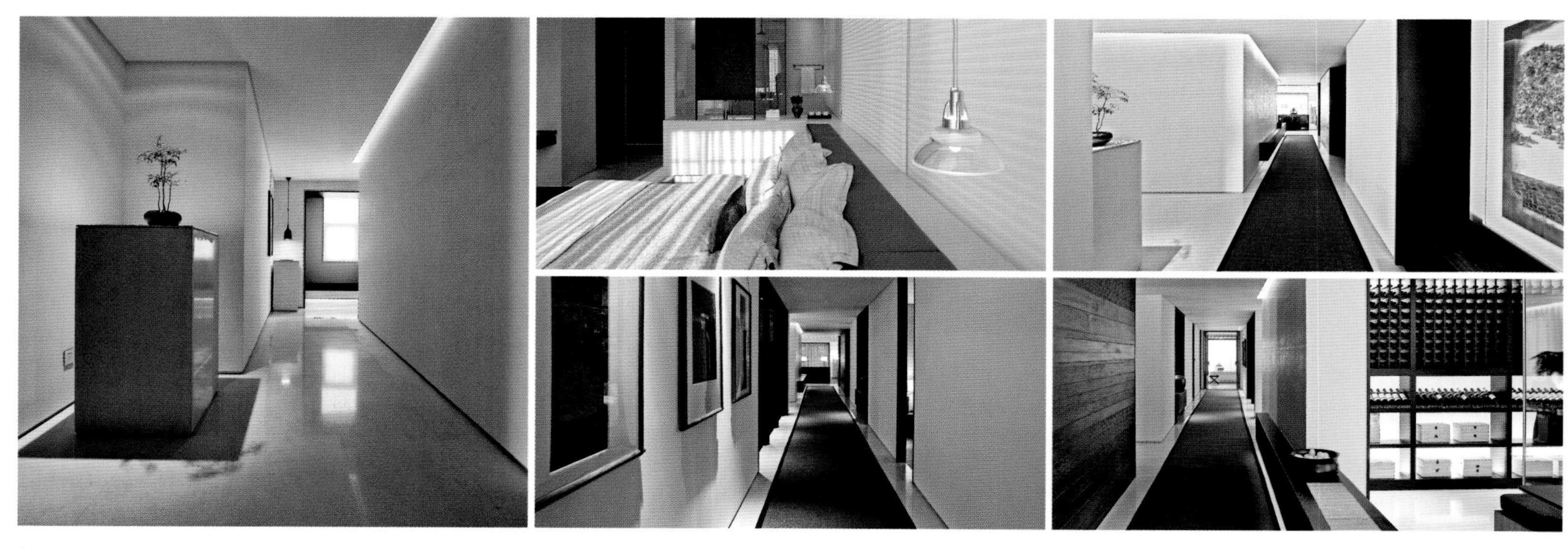

武汉世茂锦绣长江

WUHAN SHIMAO SPLENDID RIVER

主案设计：王坤
项目地点：湖北武汉
项目面积：180平方米
设计公司：武汉王坤设计有限公司
主要材料：石材，玻化砖，泰柚木，高密度板雕花，实木线条，纸面石膏板，柚木饰面板，海肌布，乳胶漆

本户型采用的是东南亚风情的装修风格中混搭了中式格调，设计师采用了一些较为天然的材质，整体色调以原木的色调为主，搭配软装配饰的点缀，这样非但不会显得单调，反而会使气氛相当活跃，为了更好地体现自然、休闲的感觉，地面使用了一些质感较强的天然大理石，家具和装饰上融合了西方现代概念和亚洲的传统文化，通过不同的材料和色彩搭配，在保留自身特色之余，产生更加丰富多彩的变化。木质家具给人的温暖感、怀旧感是其他装饰材料所无法比拟的，那可以记录岁月的纹理和色泽，述说着每一段往事，忠实地承载与贴近主人生活的点点滴滴。

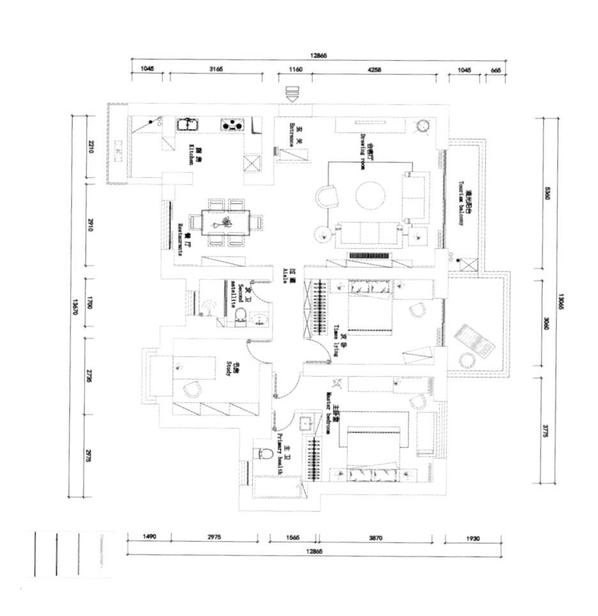

KELLY HOPPEN STYLE
KELLY HOPPEN
KELLY HOPPEN
Furniture
Furniture
Furniture
Furniture
Furniture
Furniture
SPACE
SPACE
SPACE
SPACE

设"即"空

DESIGN " IS " NONTHING

主案设计：周少瑜
项目地点：福建福州
项目面积：160平方米
设计公司：福州子辰装饰设计工程有限公司
主要材料：磁砖，木板，墙纸，地板

本案为160平方米的单元住宅，业主为中年人，喜爱东方文化，要求我们给营造个简约又不失奢华，安定祥和，一种能让人回到家，心就能静下的空间。

为营造这种氛围，在设计中在空间上大胆规划，在满足舒适安静的睡眠空间前提下，在公共空间上创新，用简单的设计符号，用传统移步换景的空间手法，勾画出了简单、奢侈的空间。如悠闲的前茶室、简约开放的厨房餐厅、宽大又不失时尚的客厅、犹抱琵琶半遮面的书房、意由心生的后休闲阳台。各空间的融通贯穿营造出的禅意是本空间的精髓。

在材料上选用了普通的灰砖、金刚板、原木、墙纸，色彩把控上简单采用了灰、白、咖三色，灯光上使用LED光源，不用主灯，主要采用背光源来营造出一个简单而又不失奢华、安静的都市绿洲，一个具有东方韵味的家。

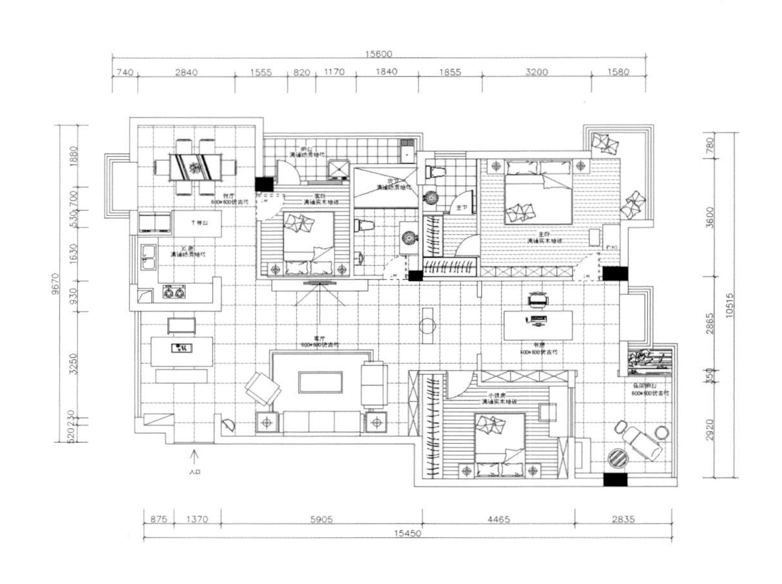

欧式古典风格
Classical European style
P88-141

镇江香格里拉

ZHENJIANG SHANGRI-LA

主案设计：庄光科
软装设计：马翠琴
项目地点：江苏镇江
项目面积：400平方米
设计公司：TY34精品设计中心
主要材料：魅意家居软装，软包，墙纸，石材

本案为欧式田园风格，设计上讲求心灵的自然回归感，给人一种扑面而来的清新气息。把一些精细的后期配饰融入设计风格之中。整个设计以白色为基调，到处都造型精致的家具，像极了中世纪贵族小姐的家。而简单的古铜色吊灯，完全是欧洲古堡里的标配，神秘而别致。

碎花壁纸、马赛克墙面、刺绣布艺合奏出一曲乡村小调，复杂多变，细致精美。地面的设计却采用了简单的大理石，显得干净、纯粹，能够增加室内亮度，也在视觉上起到了拓展空间的作用。

中央公园样板房

CENTRAL PARK MODEL

主案设计：黄书恒
软装设计：玄武设计，胡春惠，胡春梅
项目地点：台湾新北市新庄区
项目面积：330平方米
设计公司：玄武设计群 Sherwood Design Group
主要材料：酸蚀灰镜，黑云石，银狐石，土耳其黄，墨镜，银箔

华丽繁复的线条之舞

科比意(Le Corbusier) 在《迈向建筑》一书中曾说：“建筑是量体在阳光下精巧、正确、壮丽的一幕戏。”对玄武设计而言，室内设计也是由艺术元素、材料质感和视觉节奏所表达的剧场学，我们常像一位空间的导演，让空间富于戏剧效果，在内隐一外显、收迭一张放、静止一行动间，塑造戏剧张力，营造令人惊奇的空间奇趣。

巴洛克风格的特征是华丽、力量、富足，服膺17世纪的欧洲，向外扩张、追求财富的时代氛围。一方面发展科学，也因为不断征战而动荡，故巴洛克风格喜用繁复、富丽的流动线条表达强烈感情，玄武设计掌握其艺术精神，去芜存菁地以黑、灰、白为色彩基调，加上少量金、银勾边，辅以亮面材质、水晶、玻璃产生的光影，用视觉动静的极度反差，激荡出新奇前卫的巴洛克美学。

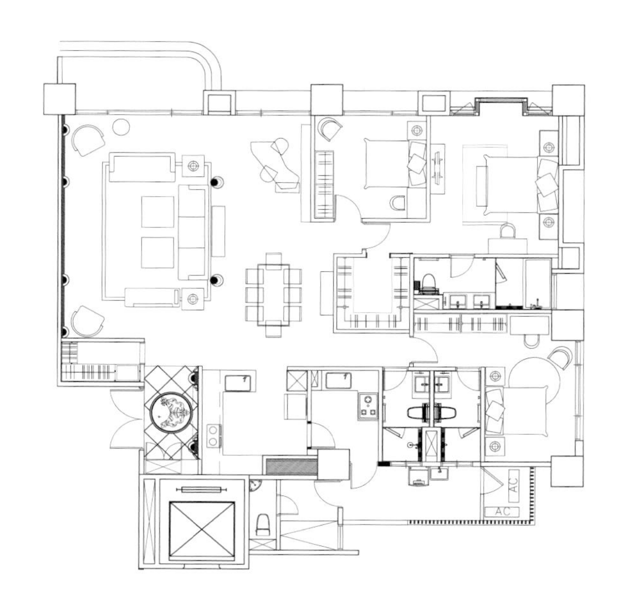

嘉年华式的感官欢愉

赏析本案，如同观赏一出以浮华人生为主题的超现实歌舞剧，提供观者突破框架的想象力、混合梦境与现实的虚幻效果，以及强烈反差形成的戏剧张力，借由线条、图腾、装饰与家具层层开展，传达空间的丰富动感，让每位参访者随着空间铺陈而舞在其中。

空间要素如同嘉年华会的狂欢舞者，以造型装扮抢夺目光，舞出感官欢愉。客厅的银色雕柱与黄金纹饰、雪白圆柱与绸缎布面，简约与繁复于此并行不悖；玫瑰花形垂下的水晶吊灯，引导光影洒落于雕饰之间，营造出现代巴洛克的华丽和沈静；设计者利用灰镜酸蚀技术，使墙面浮出花草图饰，远观流泄静谧之气，近看却能让人惊喜再三；凹凸浮雕背墙、壁炉电视柜、门片与柱廊等处，以黑白两色石材，将浮华巧妙地转化为优雅。

空间细节充满巧思，如法式布帘与纱帘的倒置、精雕细琢的鞋柜把手、金色小孩灯具、Ghost的经典设计椅与圆柱雕饰的镜面倒影，让人处处惊喜，犹如嘉年华会中不时出场的诙谐角色，将气氛炒热到高点；黑白棋盘地坪即是嘉年华会的大舞台，让所有角色轻盈跳跃，终至醉卧在这场巴洛克盛会中。

浮华人生的细腻沉思

这场“超现实”的巴洛克展演，是设计者对于现况的嘲讽，在房产的泡沫游戏之中，人们对于住宅形式的夸张演出浑然不察，设计者有意将空间作为舞台，抵抗着生活的虚假现实；这出“雅俗共赏”的空间大剧，也是设计者在艺术性与现实的商业需求间，企图取得的最大平衡，即便是必须极度夸耀设计手法的商业空间，也要让感受突破框架限制，持续运用元素创造惊叹。

MODERN GLAMOUR
MODERN GLAMOUR
Sherwood Stairs

深圳圣莫利斯13栋复式

SHENZHEN SHENGMOLISI BUILDING 13 DUPLEX

项目地点：广东深圳
项目面积：240平方米
设计公司：矩阵纵横设计团队
主要材料：石材，皮革硬包，进口墙纸，黑檀木饰面等

本案是一个在深圳很有知名度的楼盘，在销售接近尾声的时候开发商推出珍藏的顶层复式单元，由于产品的稀缺和不可复制性，业主方希望将其打造成为独一无二的顶层行宫。于是设计师调整了原来狭小拥挤的立体交通动线，开辟出了独立的楼梯厅，并将空中私享会所的概念引入，呼应了顶层露台开阔空间的娱乐功能。将一般只能出现在别墅的休闲娱乐区域（如红酒房、视听间等）赋予了一个原本只是简单平层叠加形成的复式空间，为其销售加足了分！

天津红磡领世郡普霖花园A户型别墅样板间

TIANJIN HONGKAN LINGSHIJUN PULIN GARDEN STYLE A VILLA MODEL

主案设计：陈贻，张睦晨
项目地点：天津
项目面积：620平方米
设计公司：风合睦晨空间设计
主要材料：劳斯米黄，咔佐啡，柚石，阿富汗金花，实木地板，壁纸，石材马赛克，白色乳胶漆

好的空间作品就像是在叙述着一个故事，深深地刻写在阅读者的心里。两位设计师，将英式商务风格自然地流露在细微的每一处。每一根线条，每一个空间，都经过精心设计和安排，似乎每一个元素都是为这个空间而生，完美融合成迷人的英伦商务风格室内空间。给我们繁忙、嘈杂的生活平添了一份厚厚的记忆和暖暖的感受。

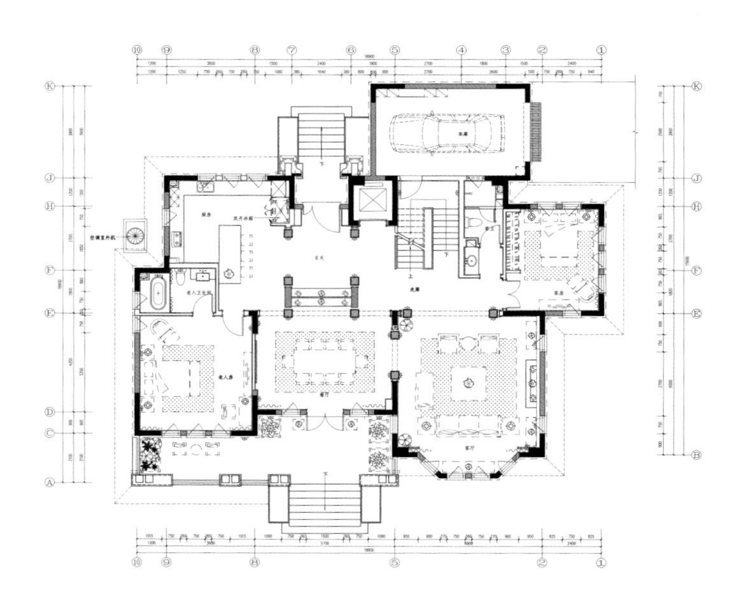

经过设计师反复地推敲，整个空间以优雅深沉，睿智低调为空间整体基调，使用纯牛皮英式家具以及纯铜吊灯烘托空间整体气氛，设计手法的纯熟运用充分诠释着贵族气质的理性生活氛围。深沉稳重的褐石色系和米色系及暖色调性为主，装饰面通过运用现代造型方式结合英式的传统形式语言，选用棕色系真皮材质、暖色系石材以及实木饰面等材质，在空间中尽力营造出一种低调奢华的高品质居室氛围。客厅为挑空7米的高空间，设计师将英国纯正高挑的哥特式玫瑰花窗大胆地引入此空间，形成眩神夺目的装饰重点。玫瑰花窗独特的美妙结构让人有一种恍若隔世的感觉。玫瑰花窗的运用在给空间带来奇妙的装饰效果之外，同时也带给了空间更多的象征意义，并且为整体空间营造出了浓厚的来自欧洲的文化气息，使其超越“流行”概念，而成为一种地位和品位的高端象征。视觉语言以及视觉效果方面的追求在设计师的收放之间达到了最大的冲击力。这里面不仅满足了空间使用者对生活品质和舒适度的追求，也同时体现出高尚深刻的文化品位。该别墅一共4个楼层，每个楼层风格处理均与整体气质相呼应，带给空间感受者类似英式古堡略显神秘气息的立体感受，让整个空间肃穆庄重而不失浪漫情调。对于玫瑰花窗这一元素的运用同样出现在了餐厅以及地下空间娱乐室的背景墙上，玫瑰花窗圆形的外轮廓与内部的结构赋予了一种向心的吸引力，形成了视觉上的焦点，更是突出了空间的视觉识别特征，也让整个设计充满独特的精神气质和精神指向。

设计师陈贻和张睦晨对于英式建筑有着别样的情怀和独到的见解，在设计过程中他们以英国绅士俱乐部情调，融合了舒适与古老的典雅气息，加上强烈的传统符号运用，通过使用当代造型语言方式去寻求人类历史传统文化脉络延续的根源。打造出了如此浓重与深厚文化感的环境，整体质感强烈温暖，线条更是柔和细腻，似乎每一个细节都在叙述着那个关于历史的、关于记忆的故事。

长沙金地三千府二期样板间

CHANGSHA GOLDEN ZONE 3,000 MANSIONS SECOND STAGE MODEL

主案设计：陈贻，张睦晨
项目地点：湖南长沙
项目面积：210平方米
设计公司：风合睦晨空间设计
主要材料：地面：阿曼米黄，咖啡金，卡佐啡，瓷砖，木地板
　　　　　立面：壁纸，马赛克，木饰面
　　　　　天花：白色乳胶漆

在这个繁华的都市里，我们都希望得到一处恬然舒适及富有浪漫气息的一所居处。这次设计，设计师陈贻和张睦晨想要给我们展现的是的都市人向往的浪漫情怀。此次设计以浪漫简约的欧式风格为主。

在空间设计语言中，设计师尽力营造出一种低调奢华高品质居室氛围。这里面不仅满足了空间使用者对生活和舒适度的追求，也同时体现出高尚深刻的文化品味。

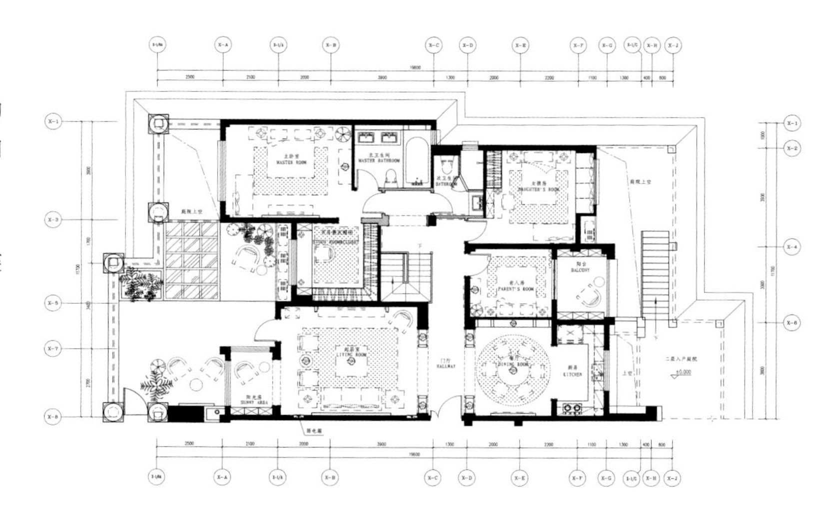

一个好的设计不是为了设计而设计的作品，好的设计是让人在空间中能感受到舒适，身处其中是一种精神的享受与放松，要在舒适与欣赏中体验到设计的内涵与深层的文化气息，而不是张扬、做作与虚夸。整个空间以白色为主要基调配以明快的色彩关系，看似随意与轻松的设计与摆放，让人在不经意间细细品味通过空间传递出的文化内涵，品味着它们所带来的生活的痕迹与回味。力求做出渗透感，不露痕迹地、一点一滴地自然流露真情实感、不是强硬的摆设，而是生活的自然摆放。有过去、现在和将来；有生活、生命、历史的痕迹；有艺术装饰、但不夸饰。不是浮躁，使沉淀、深厚、久远醇香的感受。

整个空间将浪漫简约风格自然的流露在细节的每一处，每一根线条，每一个饰品都是设计师精心安排的，在设计上追求空间的连续性和形体变化的层次感中，让整体豁达大气，却不失精致与温和。进入空间舒适、愉悦的气氛使人感到心灵的彻底放松。似乎每一个元素都是为这个空间而生，完美融合成浪漫简约的室内空间。

深圳·天御样板房

SHENZHEN · ROYAL MODEL

主案设计：吴文粒，陆伟英
项目地点：广东深圳
项目面积：178平方米
设计公司：深圳市盘石室内设计有限公司/吴文粒设计事务所

本案无论是在材料的选用上，还是在线条的表现上，都力图标新立异，成功打造出一个奢华大气又不拘泥于形式的欧式空间。贯穿于各功能空间的镜面和玻璃材质，与透露的不锈钢陈设物交相辉映，增加室内纯净感的同时，还在视觉上扩展了空间面积，让整个住宅更显大气。

百变的线条元素在这里得到充分体现，以纵向、横向、交叉等形式出现于各领域中，与各类材料配合得恰到好处，演绎出新的室内美学。在装饰品的选择上，显得独具匠心，精美别致的器皿、抽象的挂画、华丽的灯饰，处处都流露出使用者的高格调。

品位生活，从这里开始……

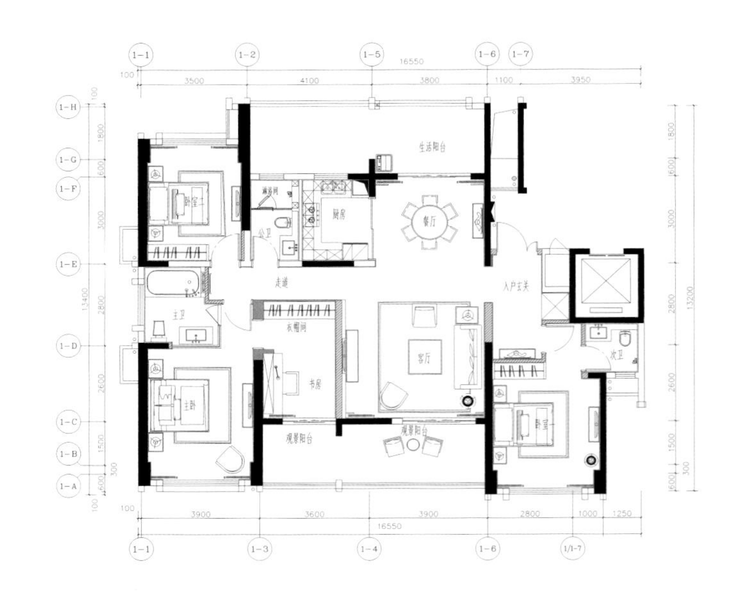

American Style
Mediterranean

招商镇江北固湾A户型别墅

MERCHANT ZHENJIANG BEIGU BAY TYPE A VILLA

主案设计：谢柯，支鸿鑫，许开庆，汤洲
项目地点：江苏镇江
项目面积：435平方米
设计公司：重庆尚壹扬装饰设计有限公司
主要材料：木作，墙纸，石材

本案在欧式风格中融入了中式元素，运用了大量青花瓷作点缀，使整体设计呈现出一种维多利亚女皇时期中西交融的时代感。配色上使用了多层次的蓝色，天蓝、浅蓝、湖蓝、靛蓝、宝蓝等，与青花瓷的“中国蓝”相呼应，把素雅明净的中国传统美和精致繁复的欧洲古典美相调和。

性感与挺拔

客厅的背景墙采用了浅蓝色和浅黄色的田园风小碎花壁纸，用古典的宫廷风白色石膏装饰线作分割，搭配中国风十足的工笔画，风格多变却不杂乱。线条妩媚的贵妃椅和粉红色羽毛装饰，则突出了优雅的贵妇气质，与线条硬朗的金棕色的镶边沙发相搭配，既性感又挺拔。

厚重与灵动

宽大、厚重的家具是欧式风格的代表，餐厅里的大餐桌和凳子都是深棕色，更增添了稳重感。水晶灯具、高脚玻璃杯、纯净的瓷碟和洁白的鲜花则打破了椅凳的沉闷，带来通透和灵动之美。青花瓷的图案更是从瓷器延续到布艺上，给这个空间带来了中国式的含蓄浪漫。

甜美与典雅

粉红色是少女难以抗拒的颜色，天蓝色则是淑女无二的选择。在天蓝色为背景色的卧室中加以粉红色的椅子、窗帘、花朵作装饰，既有少女般的甜美动人，又不失大家闺秀的娴静典雅。

招商江湾城11-1

MERCHANTS JIANGWAN TOWN 11-1

主案设计：谢柯，支鸿鑫，杨凯，张久洲
项目地点：重庆
项目面积：120平方米
设计公司：重庆尚壹扬装饰设计有限公司
主要材料：木作，墙纸，石材，涂料

人类从自然走向社会，从山林湖河走向钢筋水泥。都市里过度的嘈杂、浮华、冰冷让人的心灵开始追求回归，回归质朴、回归简单、回归自然。本案中大面积运用了原木材质，仿佛远离闹市一个林间小屋，使人感受到浓郁的森林气息。各种动物造型的艺术品散落其中，鸟、鹿、马、熊，不再是动物园里圈养的宠物，而成为了主人家里无处不在的好伙伴。

GARDENS

LA PALMA

新古典风格
Neo-classical style
P144-199

远雄富都

WELL HUNG FORTUNE

主案设计：江欣宜
项目地点：台湾台北市中山区
项目面积：183平方米
设计公司：L’atelier Fantasia缤纷设计
主要材料：木作，喷漆，铁件，爱马仕壁纸，施华洛士奇水晶壁灯，灰网石，橄榄啡石，安格拉珍珠石，实木地板，柚木地板，雕刻白，意大利磁砖，明镜，茶镜，茶玻，灰境，灰玻

IDAN以巴黎30年代的装饰风格(ART DECO)，营造出低调却奢华的生活质感。置入Hermes家具设计师Jean Michel Frank强调的简约处理态度，美好的比例，丰富的装饰性，涵盖多元材质的搭配组合，颠覆传统的美学表现，却又明显看出历史经典的关连性。JMF是一位以材质创造价值的前辈。有特殊材料搭配的罕见作风，结合古今的传承地位，保留了经典工艺价值者，也是大家一直以来追求的收藏风潮与特质。

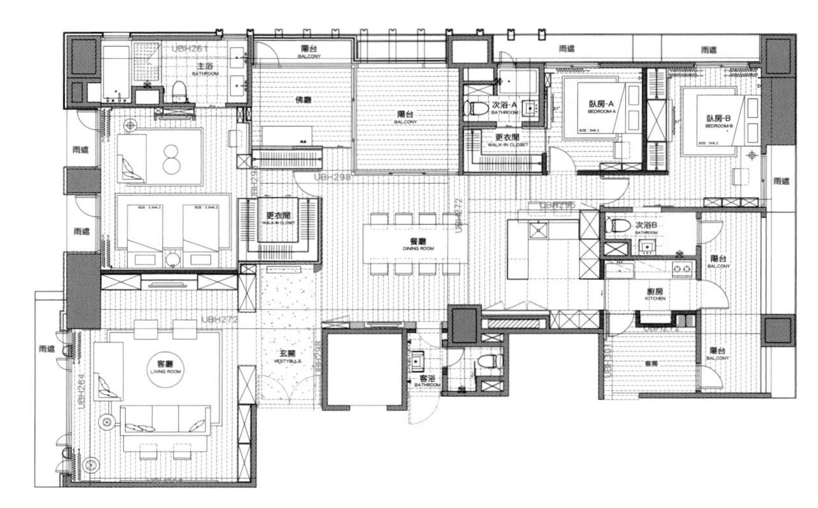

BALENCIAGA
AND SPAIN

在中山北路上富有巴黎气息的香榭道路上，缤纷设计团队串连街景融合法国二零年代工艺文化精神打造兼具人文与感性的浪漫生活空间。客厅背墙以具有品牌精神的布艺裱框作为背景，彰显业主对于法国工艺所洗练经典文化的追求，使用现代简洁家具线条兼容多元材质形式的建材，创造法式休闲的新古典空间，沙发上点缀黑色滚边、钛丝图腾抱枕与钢烤技术时尚造型的圆桌，带出奢华、优雅的视觉享受；展示柜内色彩饱和、质感典雅的精品旅游画卡，透露屋主本身丰厚的人文质感品味；在空间配置的中心位置，摆设开放式中岛吧台，结合长型方型餐桌具环绕动线的设计，让居住的上下两代既能有紧密的互动，也能惬意的生活；考量家庭成员的自主性，在卧房规划上均设定全套的套房配备，让社会新鲜人的新新女性有着独立思索的发想空间。在不到170平方米的空间内，借由专业的平面整合、动线规划、缤纷设计团队设计出气派优雅的客、餐厅以及设备完善的三间套房、机能实用的开放式中岛，到陈设艺术精神的置入，为屋主打造能够透过岁月洗练的生活空间。

A PIED ET A CHEVAL
ORNEMENTS DES VOITURES
L'ÉCOLE DE LA CHASSE
HERMÈS PARIS

复地·御西郊

RESIDENCE IN OF HONOR SHOW FLAT

主案设计：连自成
项目地点：上海福泉路金浜路交界
项目面积：310平方米
设计公司：大观国际空间设计有限公司
主要材料：鱼皮，米白洞石，胡桃木，意大利木纹石，美国木纹石，彩云飞大理石

本案处于上海贵族之地界，为了展现窗外宽阔而珍贵的树海，规划上将原本的空间重新规划，设计构想是进入玄关后视线将穿越客厅直接感受户外的景观树海。并将建筑结构梁用设计手法化解，让空间的高度、深度得到最大限度的释放。8米×5米大尺度客厅连接开放式的西厨和餐厅，功能和视觉效果达到平衡。因此整体空间开放且层次丰富。并使室内空间与外界环境消除了界限。

LE CORBUSIER
LE GRAND

材料的选择希望传达一种属于东方意境的细腻层次，因此玄关处背景挑选一块宛如中国水墨画图案的彩云飞天然石材拼花，引导进入一个现代风格的东方情境空间。进入房间，地面满铺意大利木纹石和深色胡桃木搭配，墙面选用超白天然洞石自然朴实。精心挑选稀有的深海珍珠鱼皮作为客厅电视墙主题，低调奢华，符合成功人士的成熟稳重气质和不浮夸的生活态度。卫生间台面采用美国木纹材料，用木纹质感柔化石材的冰冷感觉，是对奢华概念的重新思考。

整体软装设计围绕东方贵族的核心精神，也借由饰品材质特性，表达出当代设计与环境的轻松对话，挑选深棕色调、大地色调与温润木质，材料自身的质感及细节表述着空间的大气而精致的神韵；同时穿插其中的绿植、红色的饰品，点缀出室内气氛的东方现代精神。

KELLY HOPPEN STYLE
KELLY HOPPEN STYLE

静谧

MEDITATE

主案设计：林政纬
项目地点：台湾新北市汐止
项目面积：188平方米
设计公司：大雄设计
主要材料：银狐石，铁刀木，木化石，石英地砖，木纹地砖

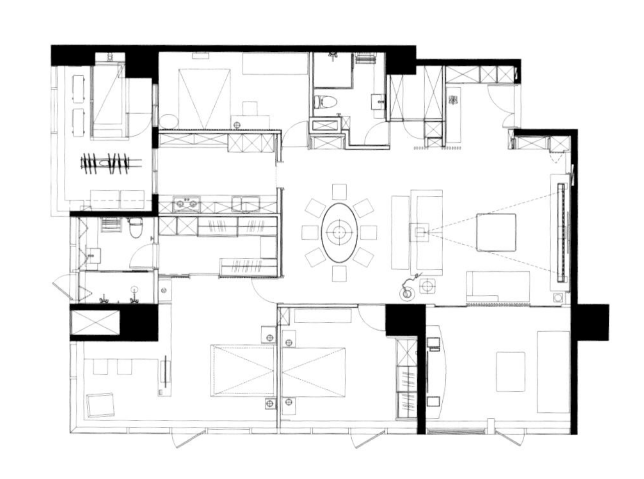

我们把质朴与奢华两种看似冲突，但却又能相互呼应的主题置入空间中，希望创造一种新的空间中的宁静。色调的单纯与协调，为居家空间带来静谧安宁的氛围。利落洗练的线条建构出无时间性的空间质感，也放缓了生活中紧张的情绪。深、浅对比的用色，简单的色彩，传达出静谧的设计精神。

对望的双客厅

我们瓦解了一个房间，让衔接面的自然光线能穿透到客厅中间，并且我们使用穿透性的隔栅，使得这两个空间可以有视觉的穿透，同时保有两个空间的独立感。屋主希望能创造出一个大人的客厅及小孩的客厅，当拉门完全开启时，空间又可以流动而开放。

记忆的物件

从新解构屋主原有的老旧红木五斗电视柜，我们将他玻璃展示的部分重新嵌入在墙面的石头凹龛中，并且做了上下非对称式的设计，一个被木头的框架所包覆，另一个则是由镀钛金属板及石材所包覆，我们希望不要把所有旧的物件完全移除，而用另一种形态展现于空间中。

虚线的串联

将公共空间、客餐厅作为一个非常完整而方正的矩形，我们将两个对望的客厅中间用隔栅的元素，作为一个视觉的串联，并且我们希望有一个完整的墙面延续性，所以隔栅不只是创造两个空间视觉穿透性，也连结了矩形空间的完整。

浮世绘的金箔花砖

质朴与奢华两种看似冲突，但却又能相互呼应的主题为我们空间的主轴，因此在材料的选择上，寻找着冲突并具双重性的材质，因此卫浴空间也围绕着同样的风格语汇，选用具有日本浮世绘意象的金箔花砖，与整体空间风格完整呼应。

自然与华丽并存的居住空间将房间坐落在公共空间四周，有极佳采光的优势充分发挥，结合光线与室内材质，我们应用了自然的木纹地砖与有一点奢华的布纹壁纸，希望将奢华与自然同时并存，呈现一种新的居住质感。

御江金城——大雅至简

YUJIANG JINCHENG — ELEGANT TO SIMPLE

主案设计：董龙
项目地点：南京
项目面积：176平方米
设计公司：DOLONG设计
主要材料：大理石，素色墙纸，镜面玻璃，定制油画，仿古地板，艺术墙纸

设计师一定是家居氛围的营造者，每个家都是独一无二的，因此必须有独特的创意和造型，还要满足其实用性，此案的优雅风格在设计的各个环节都体现出了人性化。

优雅的新古典风格，表现出轻松的质感，线条柔美的皮质家具，使整个空间简洁不失时尚，黑色沙发更让整个空间内敛复古。

主卧的白色大床，高雅大方、不失浪漫梦幻。

次卧休闲东南亚家具，营造出点点滴滴的自然主义情结。让生活漫下来，回归。

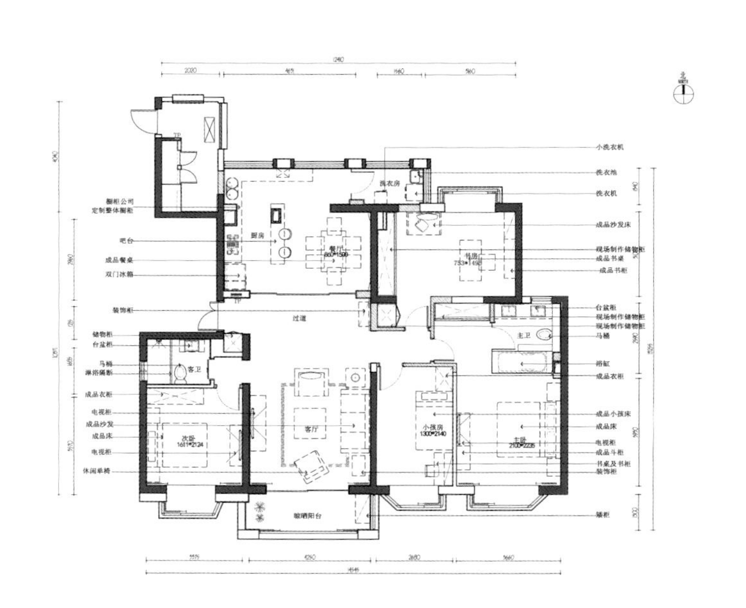

天津体北颐贤里样板间

TIANJIN TIBEI YIXIANLI MODEL

主案设计：陈贻，张睦晨
项目地点：天津
项目面积：170平方米
设计公司：风合睦晨空间设计
主要材料：地面：玛雅灰大理石，月光深黄大理石，保加利亚灰大理石，木地板
立面：壁纸，马赛克，树脂胶片，木饰面
天花：白色乳胶漆

“家”是一个被无数次提及的温暖概念，她是如此贴近我们的生活，同时也关乎着我们每一个人真切的内心感受。然而，不同的人在不同的层面上会有着不同的理解。仅仅是从空间载体层面去分析，就足以让每个人乃至每个设计师仁者见仁、智者见智了。只是最恒久不变的永远是一些最本质的东西：舒适、安全感、私密性……这些共性的需求一直伴随着我们的“家”。然而随着年代的变迁，物质的丰富，在天津这样有着特殊殖民文化背景的城市里，在这个城市核心价值区域内，在这个精英汇集之地，设计师希望能呈现出除了展现高端的物质层面以外的，能投射出更多精神内涵与心灵寄托的家，一个能与人们内心世界契合的家。

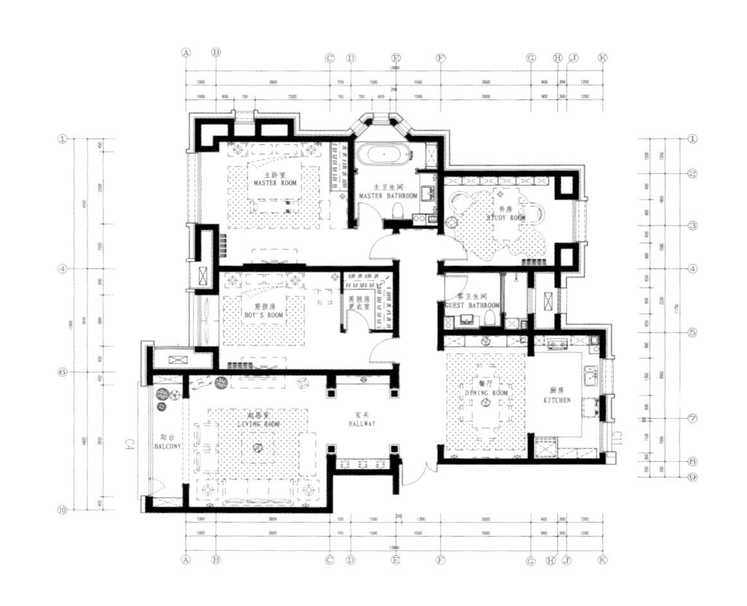

BRITISH ISLES

根据项目的总体风格定位，设计师意欲营造出淡雅、素静的英伦风格空间。用简练的语言表达出处乱不惊、深具内涵的绅士气度。在整个空间布局与动线处理上，力求找到一个点，一个对原有房型布局的足够尊重和对其空间合理改善的恰到好处的结合点。这一点对于设计师要服务的项目来讲至关重要，如何协调整个空间中的优缺点，这正是设计师希望把“缺点既是优点”这一思维运用到每一个项目中的核心意义。

较为充裕的建筑和使用面积为空间的高生活品质奠定了基础，空间布局在保持了原有大格局基础上做了完善和整合。其中厨房的面积得到了扩大，客厅与阳台之间采用了开放式处理。这样一来整个家庭的公共空间形成了很完整的空间组合与南北通透的布局。无形中在视觉上增加自然通风与采光，同时优化了室内到室外景观的视线范围。入户门左手边的玄关空间不仅很好的形成了客厅与餐厅的过渡，而且为这个空间的实用功能提供了很多不同的可能性，其中的4根装饰柱更增加了整个空间的风格倾向性。

整个空间洋溢着素净、别致的生活氛围，实现了设计师伊始的设想。硬朗的空间结构和装饰线条融合了以浅灰色为主色调的搭配运用，让整个空间更亲切、更纯粹，干练与洒脱不言其中，似乎也表达出房子主人的低调、温和的个性。统一且有节奏的色彩深浅变化，让整个家都和谐地展现着一种特有的、从容的英伦绅士风度。

美城·悦荣府别墅样板间

MEICHENG · YUERONGFU VILLA MODEL

主案设计：唐嘉骏
项目地点：四川成都
项目面积：430平方米
设计公司：成都蜂鸟设计顾问有限公司
主要材料：石材，PU硬包，复古铜，饰面板，仿古镜

项目位于成都最好的中央居住区——天府新区，拥有着得天独厚的地理位置。空间架构形成后，设计重心倾注在空间本身的细节表现上，整个内部结构严密紧凑、空间穿插有序，通过虚实互换的空间形象，取得局部与整个空间的和谐。设计总调采用混搭方式——体现对人性全新的理解和张扬。设计师强调空间整体性，从设计元素中提炼出既简单又最具变化的点、线、面，用自然简洁和理性的规则、干净利落的收口方式，将精致贵气的主题渗透到整个空间。

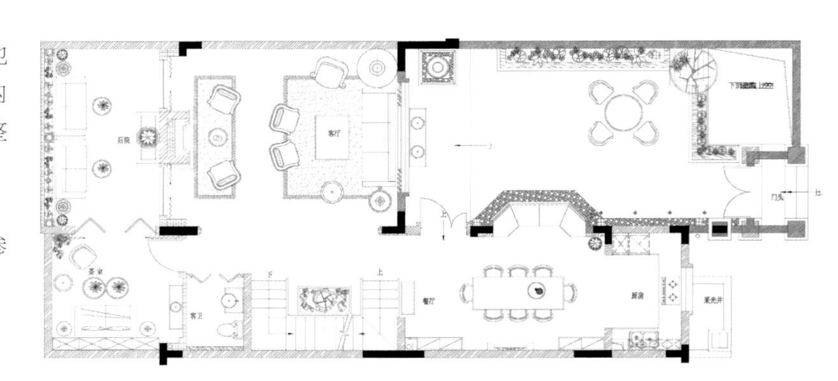

Gone With The Wind
THE JUNGLE
SCULPTURE

别墅生活无可复制的优势，不外乎对天地的独拥和对自然的融入。设计时秉着处处见景、处处是景的思想，将SPA间设置为一个处于自然环境中的空间，四周环绕的植物，头顶是一个透明玻璃水池，犹如身临大自然一般。客厅其中两面墙均采用简洁的落地玻璃向外借景，将前院与后院的别致景色融为一体。

全案定调在营造舒适高品质空间主题的同时也强调倡导细节之美，设计师力求让空间在此作为主人性格特征及身份、地位的象征，所有的设计语言都在于诠释于一个贵气而精致的居住环境，使空间得到了一次高品质的提升，让一个苍白的建筑体瞬间赋有了内敛的审美情趣。

海德公园样板房

HAIDE PARK MODEL

主案设计：陈俭俭
参与设计：黄书恒，欧阳毅，李宜静，蔡明宪
软装设计：玄武设计，胡春惠，胡春梅
项目地点：台湾新北市新庄区
项目面积：264平方米
设计公司：玄武设计群
主要材料：蛇纹石，银狐石，黄洞石，墨镜，雕刻玻璃，深色木皮
摄 影 师：王基守

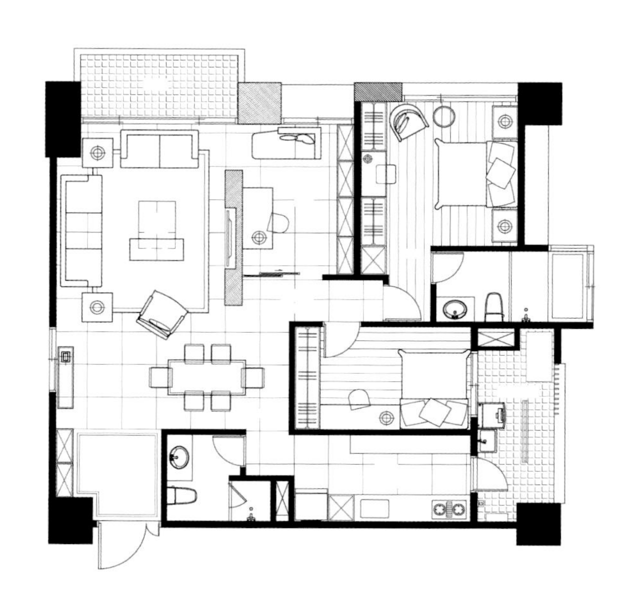

日式皇家，内隐金华

众所周知的皇家风格，应该富丽堂皇、充满鎏金光影，这些奢华的设计元素应该不会出现在传统日式设计中，但在新台北新庄区，标榜为贵族豪宅的系列建案中，竟有一处以“日式皇家”风格为诉求的空间，将日本的简素纤细，与闪耀如碧的奢华完美地融为一体。

超越“日本式”的设计

地坪的“藤纹”，源自日本古老世家——藤原氏，取其“隆盛遗芳”之意，象征家运兴盛不衰；客厅主墙面以饰有“牡丹纹”的大面玻璃，创造出光影效果，作为主题性装饰物，此概念可溯源至德川幕府时期，牡丹纹的地位，与代表王室重臣的菊纹、桐纹和葵纹属同级，意指屋主拥有贵族般尊荣，看似配角的细微设计，其实是点亮整个空间的关键，能让氛围达致最深邃的意境。

“墨绿”与“深灰”两种冷调色泽，鲜见于一般室内设计，更鲜少应用于豪宅的陈设；但玄武设计似乎刻意透过强烈对比，将奢华元素敛入东方的宁静，这种“蓄意为之”的创造，反能将日本文化的静美，提升至另一层极致，体现两极对反的哲理，彰显富而礼、显且藏、张收平衡的生活理想。

长青的愿景与幸福

皇家风格强调材料变化，喜用装饰细部手法体现巧妙的设计概念，设计者秉持风格的同时，也贯彻日本设计独有的纤细，隐敛地彰显屋主的富有，例如将手工地毯改为兽皮、鱼皮纹壁纸，结合日式花布，让极简的日式设计包覆着富丽的外衣，转化为居住者的奢华感受。

如同最精彩的生命历程，总是充满高低起伏；放眼世界胜景，也多见于险峰惊瀑，玄武设计的日式皇家风格，反复运用看似极端、相斥的语汇，加乘出奇特的创意效果。犹如静置于玄关的“藤纹家徽”，已将设计者的思想凝聚其中，漫延整个空间的墨绿，如一株常青藤蔓，缓缓超脱俗世虚华，逐渐探上了崖边天空，享受云端静谧的幸福。

保利大良中汇花园样板房

BAOLI DALIANG ZHONGHUI GARDEN MODEL

主案设计：何永明
项目地点：广东佛山
项目面积：186平方米
设计公司：广州道胜设计有限公司
主要材料：巴洛金大理石，加洲米黄大理石，金根米黄大理石，玫瑰金不锈钢，
香槟银箔，墙纸，扪皮，软包，金蕾丝木饰面等

本案以花为题，使得整体空间在和谐的基调上体现出浪漫的气质，软装与硬装上“花”元素的运用，成就了本案的精髓与灵魂。设计师不拘泥于单一的设计风格，企图在豪华优雅中呈现出既现代又古典的气质，追求深沉里显露尊贵，典雅中浸透豪华的设计表现。置身于如此典雅高贵、浪漫舒适的空间中，体现出人对品质，典雅生活的追求，以及 “心无尘，一花一世界”的人生境界的向往。

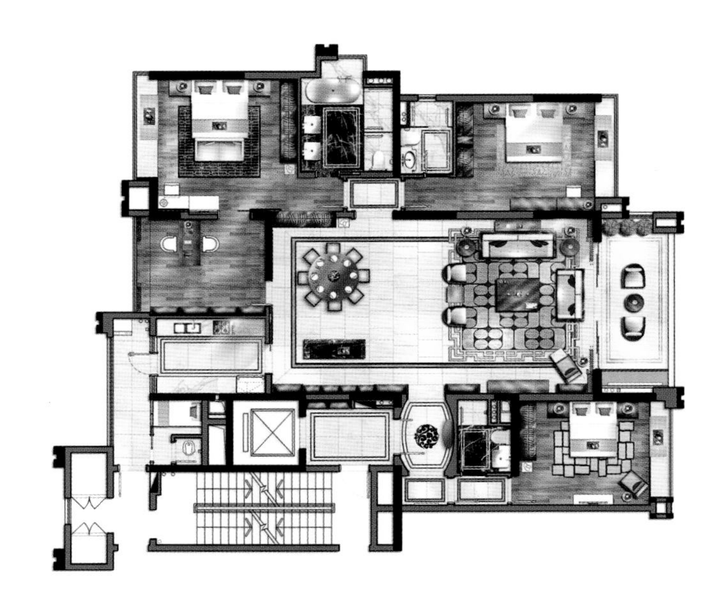

弧线型的玄关提升了此空间的灵动性，以及大气的装修风格充分体现主人文化气质的“脸面”。客厅与餐厅花型天花造型加上大水晶灯，将整个空间烘托在高贵典雅的氛围中。拥有上升动势的背景墙设计、花纹墙面的装饰以及具有中式韵味的家具，使得整个卧室空间拥有一种独特的东方人文气息。优雅的卧室情调，在装饰方面秉承了传统东方风情的典雅与华贵，但与之不同的是加入了许多现代的元素，呈现着时尚的特征。客厅是中式与西式风格的碰撞，设计师以现代的装饰手法，巧妙地结合东西方装饰元素，来呈中西融混的独特韵味。卫生间的白色主调时尚而温馨，散发着淡雅清新的现代气息，与米黄色的衣柜、蓝色的软装搭配把整个卧室营造成时尚、高贵、轻松、愉悦的视觉感空间。

设计之外

BEYOND DESIGN

主案设计：唐忠汉
项目地点：台湾台北
项目面积：125平方米
设计公司：近境制作
主要材料：白橡钢刷木皮，白砖墙，煙燻橡木地板，黃銅钢板，砂面黑鐵

经过多年的设计积累，尝试着各种不同的方式表达出心中的想法，承载着业主的期盼。在此，我们有了这个机会，体验了一段不同的设计感想。十字轴线的空间排序化解了基地中央立柱的格局问题，将空间从复杂的结构配置简化统整为5个单纯的区块。

由此发展组合出业主生活的面貌，空间中置入的内庭区域是设计中另一个重要的部分——刻意的退缩。导入了光线和空气，留下了生活的场景，引入的室外绿景成为空间中难得的调节。渗入生活的肌理，定义出生活与空间的对应关系。设计之外，在经过设计的纯粹后，留下来的应该是生活的面貌了。

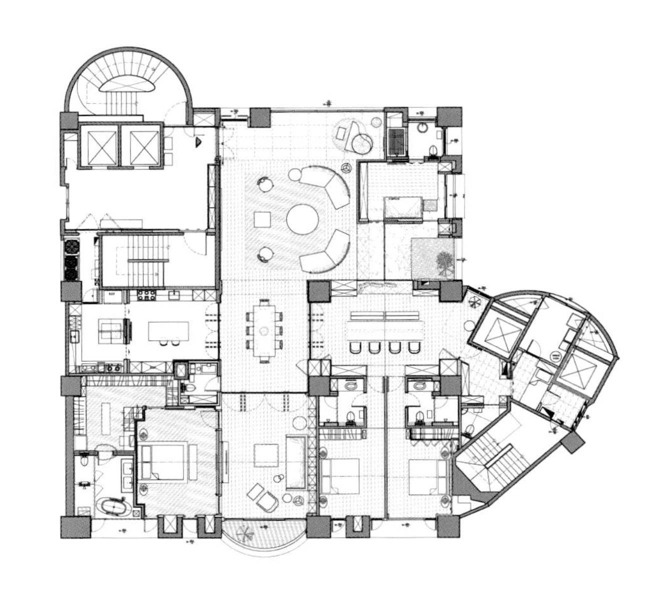

LUST

15
TOWER HILL

万科悦湾A2复式洋房

VANKE YUEWAN A2 DUPLEX BUNGALOW

主案设计：矩阵团队
项目面积：405平方米
设计公司：矩阵纵横设计团队
主要材料：荔枝面大理石，月亮古大理石，水曲柳索色，布艺硬包，进口墙纸等

本案采用了低调奢华的黑色作为基础色调，再搭配高贵的灰色，深沉的棕色，构成高雅而和谐的新古典主义风格。家具用现代主义的线条诠释了古典主义的内涵，古典的风韵只见其神，不见其形。墙壁上抽象挂画更增添了一份后现代主义的浪漫与冥想，使装修装饰更像是一种多元化的思考方式，将怀古的浪漫情怀与现代人对生活的需求相结合，兼容华贵典雅与时尚现代，反映出后工业时代个性化的美学观点和文化品位。

TSUTOMU KUROKAWA

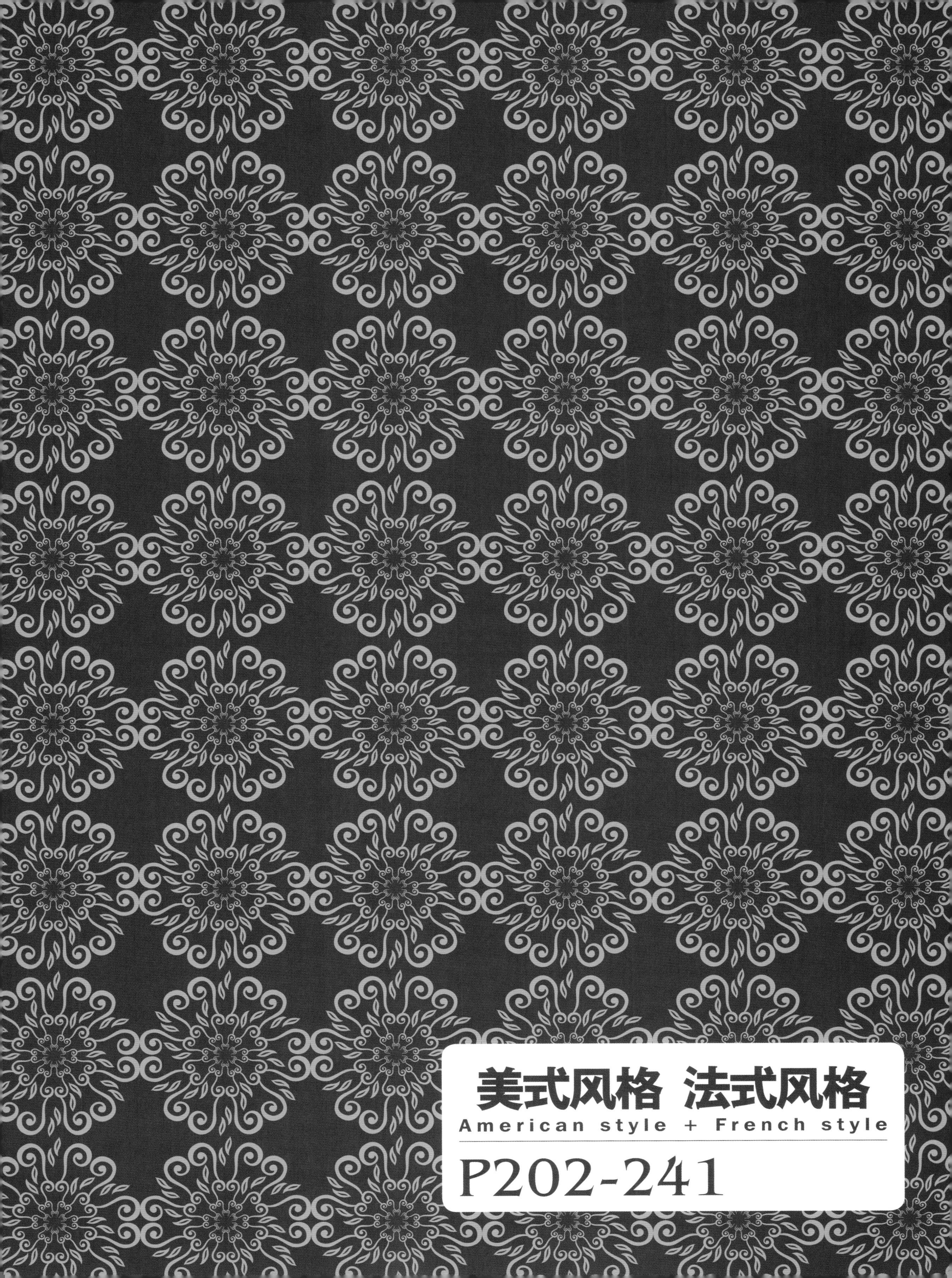

美式风格 法式风格
American style + French style
P202-241

仙华檀宫别墅样板房N1型

XIANHUA TANGONG VILLA MODEL N1

主案设计：蔡军
项目地点：浙江金华
项目面积：780平方米
设计公司：上海璞尚室内设计咨询有限公司
主要材料：黑金花，帝皇金石材，杈木，真丝手绘壁布

项目以温泉旅游资源为背景，将舒适、尊享、高贵引入别墅定位。以“雍容、华贵、浪漫、自然”的风格为基础，而法式风格正是最能代表和延续纯正古典奢华装饰风格的选择，可以让每一位主人都能感受到经典纯粹的奢华气息，彰显其不凡的品味身份。

设计师则以“新法式奢华空间”为切入点。遥望当年法国宫廷的极尽奢靡，今时当代的国王、女皇、总统、贵族、富豪们来到巴黎还是会在那些巴黎顶级法式酒店留下萍踪。因为在纯正古典的建筑外观里面到处是传统与时尚相结合后高贵奢华的装饰，褪去旧时繁琐陈旧的装饰风格而保留其法式精髓后引入精致时尚的元素，让酒店流露出的是历史和贵族气质，洋溢着雍容气势和皇家风范，成为新贵族们的宠儿。他们需要新的法式奢华空间。N1大宅在纯粹经典的法式奢华气质中带入高端风尚元素，糅合出新的非凡奢华空间典范。让尊贵而又不凡的气质，在每一处空间流转。

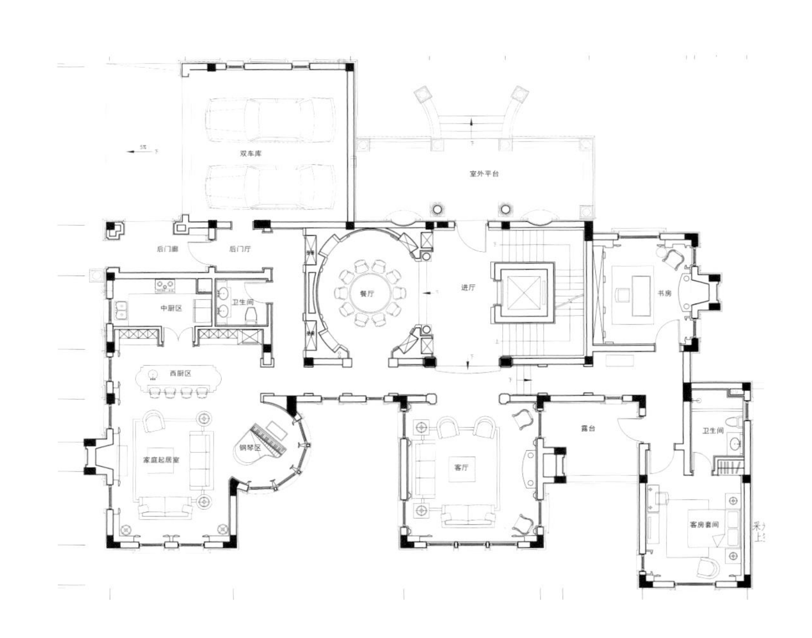

仙华檀宫别墅样板房N4型

XIANHUA TANGONG VILLA MODEL N4

主案设计：蔡军
项目地点：浙江金华
项目面积：640平方米
设计公司：上海璞尚室内设计咨询有限公司
主要材料：意大利黑金花，白玉兰石材，黑檀木，杈木，进口手工壁纸，真丝软包

正如上海外滩以其华美的艺术装饰（Art Deco）风格建筑而闻名于世，而纽约帝国大厦也以其经典的Art Deco造型成为经典标志性建筑。Art Deco建筑艺术不断吸纳东西方文化精粹，持续了新古典主义中宏伟与庄严的特点，又更趋于几何感和装饰感，将古典装饰转变成了摩登艺术，显现出华贵的气息。

本案将Art Deco风格的摩登、奢华、舒适、雅致的设计要素渗入到每一个细节，同时让更多的传统文化图腾元素注入到设计构架中，让装饰主义与传统文化两者间的华贵气息相互碰撞，表现出装饰艺术的极致之美。以含蓄深沉的古典情怀来诠释财富和尊贵的含义，打造奢雅非凡的居住空间。

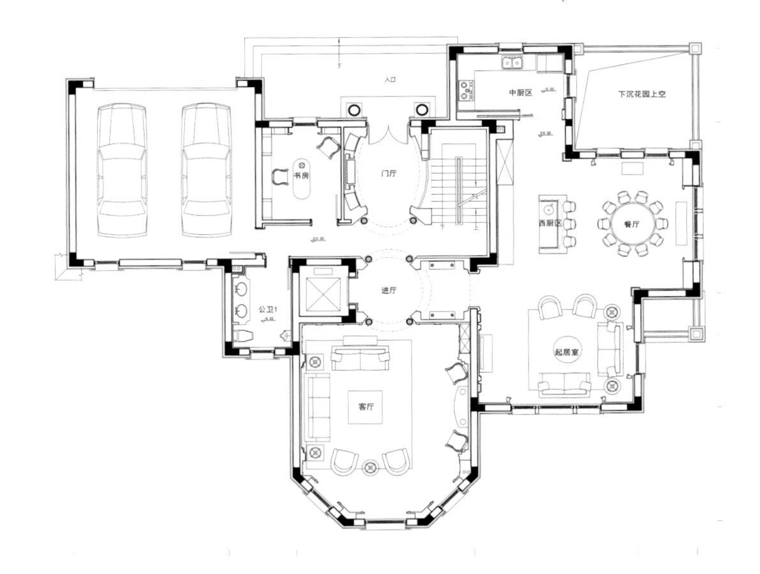

空间规划上充分考虑欧式住宅所重视的仪式感、秩序感。多采用中轴对称手法体现空间的均衡和庄重。同时利用建筑原有条件，将空间布局中每一个起承转合的交通点设计成充满仪式感和对称性的饱满空间，让每一次停留与转换都成为享受。而居住功能要求的私密性和开放性也做了有机融合，相互包容，让每一个空间都相互渗透，让人感受到舒适、流畅。

深圳曦城酒店公寓I

SHENZHEN XI CITY HOTEL APARTMENT I

主案设计：戴勇
软装设计：戴勇室内设计师事务所&深圳市卡萨艺术品有限公司
项目地点：广东深圳曦城
项目面积：180平方米
设计公司：Eric Tai Design Co.，LTD戴勇室内设计师事务所
主要材料：白玫瑰云石，西班牙米黄云石，橡木实木地板，酸枝木饰面，墙纸，皮革硬包，镜钢

深圳曦城酒店公寓的设计注重居家感觉和功能实用性，延续项目的美式风格，在设计中追求简约自然、温馨舒适的居家空间气氛。

室内设计体现纽约大都市风格的主题，简洁又富于质感，陈设部分则加强艺术氛围的营造。各种精挑细选的雕塑和饰品，用铜质材料、皮革及云石表达都市怀旧的气氛，并带给人现代艺术的享受。客厅的吊灯，以及沙发背景墙上的艺术画框组合，像一件件现代艺术装置给人别样的视觉感受。皮质沙发，牛皮地毯，时尚之中又让人感到休闲与尊贵。

充满温馨气氛的客房，柔和的灯光，处处体现出浓浓的居家氛围，并在每个细节之处把空间的故事娓娓道来。

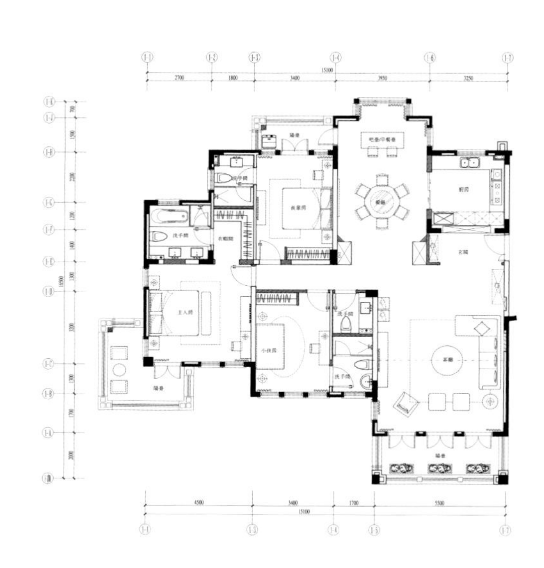

重庆复地花屿城 I

CHONGQING FUDI HUAYUCHENG I

主案设计：戴勇
软装设计：戴勇室内设计师事务所&深圳市卡萨艺术品有限公司
项目地点：重庆
项目面积：330平方米
设计公司：Eric Tai Design Co.，LTD戴勇室内设计师事务所
主要材料：蒙娜丽莎白云石，乔布斯云石，凤羽蓝云石，马赛克，白橡木，墙纸

世界上，有很多曾经不起眼的地方会因为某位伟大的艺术家而被人所熟知，正如莫奈居住了43年的法国的吉维尼小镇，这位印象派的大师整个后半生一直安静地在那里度过。每年都有大批的游客前往小镇去追寻大师的踪迹。然而谁又能说得出，在那开满鲜花的街道上，曾经徘徊过多少优秀的艺术家，又发生过多少感人的美丽故事。

重庆复地花屿城项目以法国吉维尼小镇为规划概念，希望打造一个重庆的“鲜花小镇”，要求我们在设计中表达出法国田园的浪漫氛围和古典奢华的尊贵气氛，营造一个色彩绚烂，奢享温馨的女性主题空间。

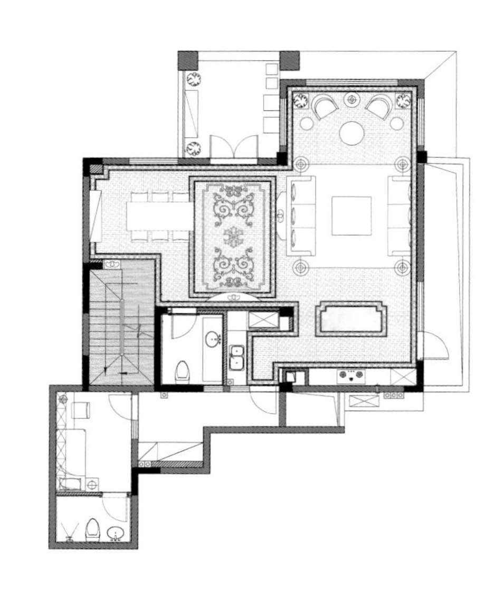

整个空间的设计，如同印象派画家的笔触一般平静而细腻，传达出清新隽永的格调，田园休闲与典雅高贵并容。客厅地面以纤细小巧的石材马赛克铺就优雅精致的图案，餐厅墙上大幅风景油画带来幽深而神秘的意境。室内萦绕的田园气氛，渲染一种悠远的浪漫思绪。或许，你我也会像莫奈一样，一旦爱上了，就再也不愿离开。

中信.领航 1#1501

ZHONGXIN • LINGHANG 1#1501

主案设计：刘伟婷
项目面积：138平方米
设计公司：刘伟婷设计师有限公司

在美学范畴中，审美学是艺术哲学的一环，要达到秩序， 平衡和衬托有统一效果，空间的比例，物料和风格元素，更要突出层次质感的作用。

设计的过程中加入艺术元素，建造出具创新意念，以数字、代数、音乐符号作视觉元素，体现几何结构的动态。

表达情感由空间的比例，从内在美看出质量感觉的风格元素。

空间的明暗，色调穿透结构比例，可营造出时尚和温馨的格调，层次分明的光影可带动整个空间的流动和节奏。

低调不言而喻的奢华，重新演绎优越、舒适及安逸的生活。

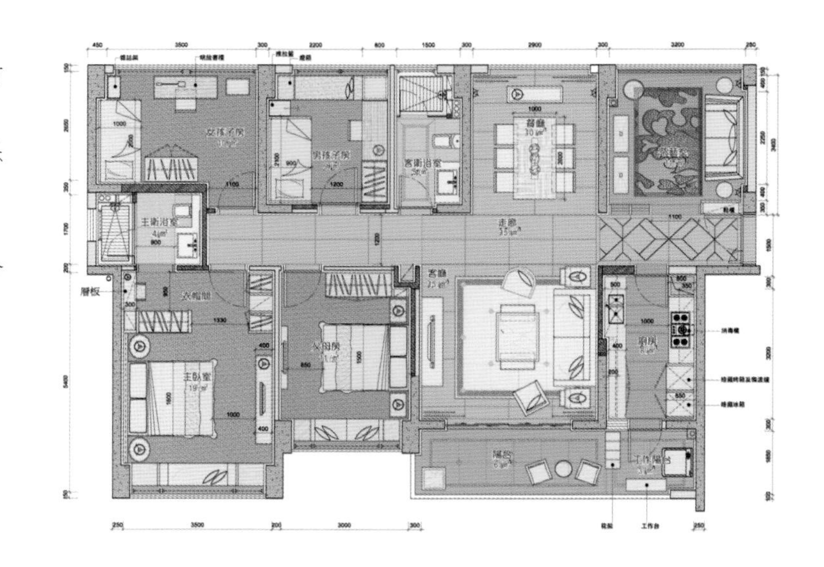

武汉复地东湖国际

WUHAN FUDI EAST LAIKE INTERNATIONAL

主案设计：王坤
项目地点：湖北武汉
项目面积：160平方米
设计公司：武汉王坤设计有限公司
主要材料：实木线条，木地板，进口石材，仿古砖，纸面石膏板，水曲柳面板， 海肌布，乳胶漆

高雅素净的空间，用不同材质和肌理演绎着多样的触觉和视觉表现，也让不同界面的相互关系有了精致且有趣的变化。简洁、洗练依旧是设计的主要语言，同时设计师提倡比例均匀、材料搭配合理、收口方式干净利落、维护方便的原则，取得局部与整个空间的和谐。在空间设计上，设计师最大程度地让空间开放、通透、流动，家具与陈设的设计，辅以色彩和细部的变化，让整个空间充满了精致、典雅、唯美的气息。

中航天逸二期D2户型

ZHONGHANG TIANYI II TYPE D2

主案设计：郑树芬
软装设计：郑树芬，杜恒，胡瑗
项目地点：广东深圳龙华区
项目面积：128平方米
设计公司：SCD香港郑树芬设计事务所

这不是一座宅院，这是都市人的心灵田园。

永恒经典的法式普罗旺斯生活意境，勾起都市人的心灵田园，低调、内敛、浪漫气息层层叠近，享受另一种质朴、悠远而宁静的都市生活。原木色家私、质朴的床品、淡雅的花艺放慢了快节奏的生活，而餐厅宝蓝色的珊瑚吊灯丰富了整个清爽的空间。

精美的艺术品往往是装饰空间最有力的武器，也能增加人们生活的情趣以提高其审美的品味。

Roca

现代风格
Modern style
P244-311

南昌洪客隆英伦联邦B-04户型

NANCHANG HONGKELONG ENGLAND FEDERAL TYPE B-04

主案设计：易永强
项目地点：江西南昌
项目面积：120平方米
设计公司：5+2设计（柏舍励创专属机构）
主要材料：大理石，木饰面，不锈钢，地毯等

本案设计以利落的修饰手法为空间带出一种全新的时尚体现，以简练的线条搭配大面积的黑、白及原木色衬托出简约生活的气息。

玄关用穿透的玻璃展示柜，体现陶艺的独特质感；餐厅采用线条明朗的餐椅及吊灯，在设计上做出不同的质感和表情；卧房以舒适宁静为主导，大面积的白中注入蓝调旋律，为空间带来视觉上的舒适感受；客厅简约的家具搭配墙身线面造型，充满韵律的线条演绎着生活的乐章。空间整体设计自然干净，配上绵软地毯、背枕与柔和的灯光，生活的灿烂体现于鸟鸣花香般的平静瞬间，生命的意义由此呈现。

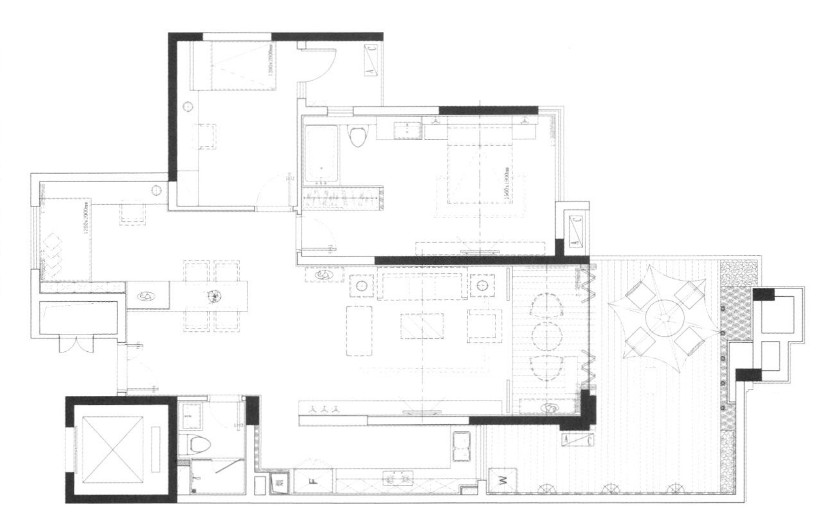

Story of the spring

摩登紫著，奢华空间

MODERN VIOLET, LUXURY

主案设计：江欣宜，吴信池
项目地点：台湾新北市淡水区
项目面积：221平方米
设计公司：L’atelier Fantasia缤纷设计
主要材料：木皮，订制家具，壁纸，烤玻，绷布，油漆，茶玻，茶镜，超耐磨木地板，金属烤漆，结晶矿石

繁复的精雕细琢在一般人的家中并不能“生活”，假设家中每一件摆设都美得像艺术品时，人将无法拥有安全感。设计师以“摩登奢华”为设计发想，利用色彩、家饰互相搭配，并重点式的点缀让都市人快速的步调在家中得到绝对的慰藉。

黑与紫是绝对高贵的色调象征，但如果大量使用会造成太强烈的压迫，将黑的浓度降低，以灰色代替，保留都会时尚风格，却不失奢华品味。

整间房子以灰色为空间基底，客厅洒上些许紫色风华，让空间从完全的沉着中得到了亮点。居住者回到家中，借由稳着的色系来沉淀今日在外的一切刺激；也能从紫色、金色两点之中，重新感受整体空间的奢华品味。

在一般意义上，家是一种生活，在深刻意义上，家是一种思念，在步调甚快的城市之中，经过一日的忙碌扰嚷，家对任何一位城市生活者，是绝对的庇护所。当家中的点滴，能够勾起思念，让你在外时，心向往之，这才真的拥有一个完全属于自己的舒适摩登空间。

造型活泼的弧形家具，点缀顶级优雅紫色的抱枕置入其中，与背墙的金属艺术品相互呼应，诉说着摩登时尚的迷人风格。

枯枝利用金色喷漆包装，细微的线条却也是点亮整体空间的大功臣，取代一般植栽难照顾的特性与多样颜色，但也依然能在摩登空间带来生气。

饭厅墙面挂上Damien Hirst画作，享受视觉艺术与味蕾交织的丰富盛宴。

与客厅相同色调的餐桌摆设，紫色的水晶杯可以让用餐者感受非凡视觉享受，你尝到的不是佳肴美酒而是品味。

主卧拥有良好的落地采光，运用活泼印花的床单来中和沉稳色系，些微的绿色与桃紫色点缀点亮整体卧房空间。

次卧房以蓝、黄点缀，与客厅及主卧做出区隔，床单的不规则横条纹设计，与墙上直式条纹线板成为呼应，不同线条交织出别出心裁的和谐美学。

书房运用玻璃及镜面的透明感将采光提亮，白色与灰色调渐层交互使用，采用调光卷帘取代一般窗帘，日光隐隐透进房中，令居住者能在此完全沉淀心情。

蛋型藤编吊椅让人在城市之中获得片刻的放松，以高贵神秘的深紫搭配来减轻突兀的度假氛围，融入都会时尚空间之中。

黑白几何画作与矿石结晶墙面相互呼应，整体空间虽以圆弧式家具为主，但加入了几何方形的点缀，更能展现高超室内家居搭配品味。

绿地 海珀·旭辉

GREEN LANO HAIPO XUHUI

主案设计：连自成
设计公司：大观国际空间设计有限公司
主要材料：意大利木纹石，铁刀木，贝壳壁纸，雀眼木

整个的空间规划以开放的方式为原则，而东方的空间运用经常是可分可合，在此强调“气”的精神，使空间与空间的动线形成了一个气场。设计手法以现代的手法，强调立面的块状以及简洁利落的线条，此案特别注重材质的运用，以及关注材质传达出来的视觉感受。例如粗矿的洞石及金色的贝壳壁纸形成强烈的对比，还有夹丝玻璃的运用，透过光影传达出东方的神秘感，而灯光的设计采用多层次的间接光，将空间的利落线条展现得一览无遗。

跳跃的精灵

JUNPING EIF

主案设计：彭征
项目地点：广东佛山
设计公司：广州共生形态工程设计有限公司

森林里随风扬起的花瓣落在客厅墙上，形成了抽象艳丽的挂画，绿色玫瑰造型的茶具、俊丽的黑色羚羊书架，还有喇叭造型的落地灯，仿佛这就是森林精灵们的大聚会。餐厅中神秘魔术师的帽子灯，不规则的错拼装饰画，彩色菱格的餐巾，再点上蜡烛，温馨浪漫的晚餐原来在家中也能为您实现。书房里贴上了森林植物的壁纸，帅气的小老虎犬书档，机灵的兔子台灯，让您在工作之余，也同样能享受与大自然亲密接触的乐趣。转身步入主卧，飘窗为您特别定制的梳妆柜，还可供闲逸时光看书阅读享受每一个清晨与日落，浪漫的你想必还会陶醉在床头那花海一样的装饰画里随风飘摇。同时，明亮温馨的小孩房想必也会令您乐在其中。

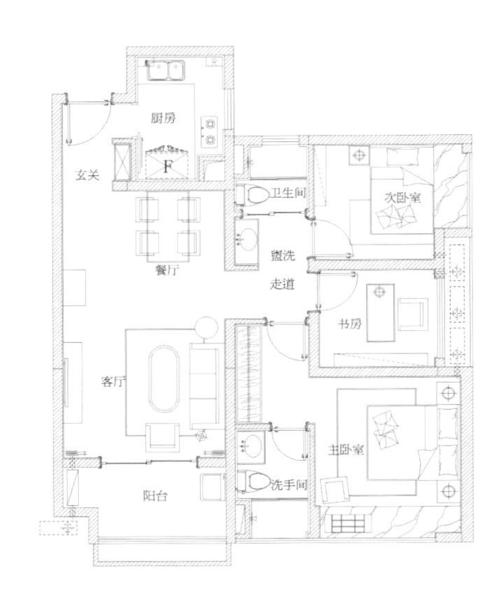

f

f

保利中汇花园8座D户型

POLY ZHONGHUI GARDEN BUILDING 8 TYPE D

主案设计：何永明
项目地点：广东佛山
项目面积：160平方米
设计公司：广州道胜设计有限公司
主要材料：灰洞大理石，清水玉大理石，雅土白大理石，黑檀复合木地板，科技酸枝直纹木饰面，香槟金不锈钢，墙纸，扪皮

用时尚大气的表现手法将空间打造成国际化、有独到品味的现代风格。

设计细节：不锈钢与深灰色烤漆的相互辉映，既刚毅沉稳又高档别致。使画面含蓄中透着奢华，沉稳中透着优雅。

城市的人们生活急促而紧张，家是人们放松的心灵港湾。此方案诠释了城市的时尚奢华，又营造了温馨优雅的家的气氛。

整体空间灵活通透，深色的木饰面、浅灰色石材打造出一个国际化时尚的住宅空间。软饰搭配了温暖而华丽的橙色来提亮眼球，深灰色烤漆、不锈钢材质的家具与硬装不锈钢收口相互辉映，使整体空间和谐统一。走廊的装饰柜打破了过道狭长、暗沉的缺点，使空间富有节奏感，进一步地增添了空间的展示功能。餐厅奢华的水晶吊灯是一抹亮丽的风景线，华丽的灯光照耀在深灰色烤漆的餐桌上，给人们带来另一种惊喜，精致的餐具体现着主人极高的生活品味。

儿童房在略微成熟的硬装基础上，搭配活泼的黄色与清新的蓝色，来凸显儿童的气质，汽车玩具与汽车地毯，来营造儿童的爱好。床品上的儿童公仔与充满童趣的儿童台灯有着微妙的联系，来体现空间细节的细腻。

主卧以其纯美的色彩组合，力求表现时尚大气的氛围。用更理性、更细腻的设计语言，来解构和整合空间主题，画面含蓄中透着奢华，庄重中透着优雅，体现了主人的高雅气质。

轴向

AXIAL

主案设计：唐忠汉
项目地点：台湾台北
项目面积：220平方米
设计公司：近境制作
主要材料：橡木钢刷，橡木木地板，石材，铁件，茶色玻璃

空间的动线格局影响着居住者的互动行为，设计之初，将私密空间动线的入口转向面对公共书房的区域，让家人的互动更为直接、更为频繁。集中的动线分配，强化了主要立面的连续性，使空间中书墙保持完整，成为整个空间的设计主轴。从书房延伸至餐厅的轴线，餐桌吊灯的位置成为空间轴向的交汇，向内扩大了互动空间的领域，向外引导了视觉层次的效果。开放书房与餐厅的连结，运用双开的拉门变化界定开放与单纯，让公私领域的空间层次产生变化组合。空间的格局动线影响居住者的互动行为，尝试重组空间轴线，强化家人们的互动关系。透过开放的格局延伸，扩大了室内的视觉层次，引入难得的室外绿意。

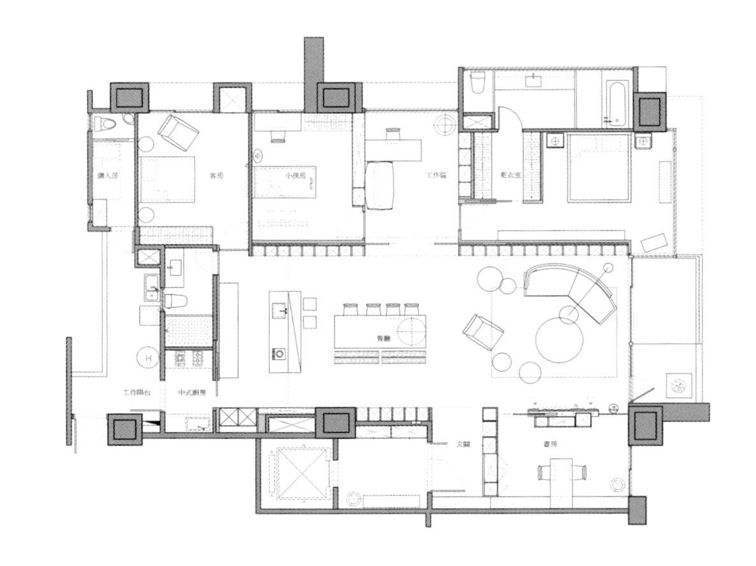

COLLECTION
COLLECTION

SHOP DESIGN

阅读空间的顺序

THE ORDER OF READING SPACE

主案设计：唐忠汉
项目地点：台湾桃园
项目面积：303平方米
设计公司：近境制作
主要材料：观音石，木皮喷漆，黑铁烤漆

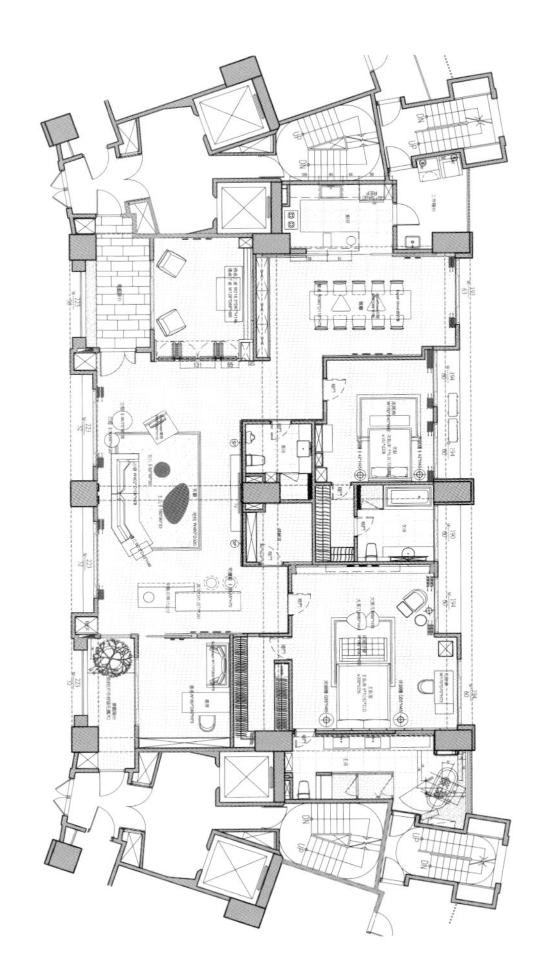

每件艺术作品都有其适切的空间居所，空间与艺术二者之间相互对话互动，隐藏着一种阅读空间的顺序。在空间的设计细节中，偏心轴门的序列并排框架出画作的前景，创造了空间的层次，引领出一种艺术的气质。立面的主墙，运用石板堆栈的意向，将原始自然的素材概念引入室内。木石交叠形塑一个人文趣味的空间。在空间色调与材质的运用上，将空间元素、家具材质与艺术画作整合为一个完整的调性，让陈设艺术成为一个介质，传递一种空间氛围。透过强调原本材质的特色，加强空间的穿透层次，反射呈现出内在的宁静，让诗意的氛围于此呈现一种空间的静谧感。穿透了空间的层次让我们在此安定的休息。一个属于声音的空间设计，让我们可以听见自己，感受空间的能量。

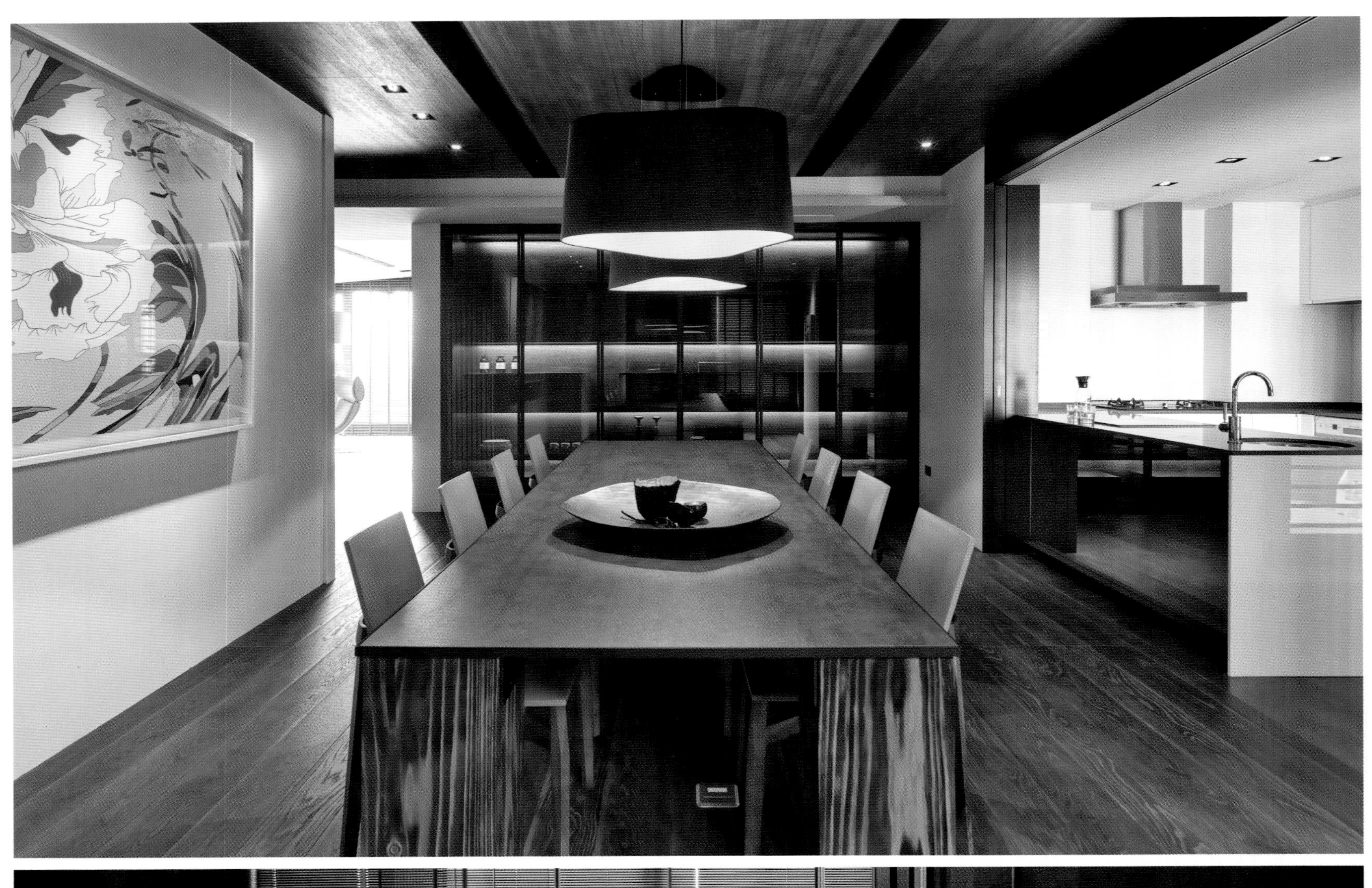

折面

FOLD SURFACE

主案设计：凌子达，杨家瑀
项目地点：广东广州
项目面积：300平方米
设计公司：KLID 达观国际建筑室内设计事务所
主要材料：橡木，意大利木纹石，碳色不锈钢，欧洲茶玻，爵士白大理石

在设计之初，希望突破住宅设计的传统印象中现代风格都是由垂直水平的线条构成，觉得应该可以有更多不同的表现方式。尝试在一个方方正正的房子中做出更有立体感的空间，于是，采用了“折面”这样的概念作为设计手法贯穿在整个室内空间。“折面”的设计手法使得空间更为立体，再在材料的运用上，采用意大利木纹石和橡木，并结合LED灯设计出层次感，另为统一整体效果，在家具的选配上，也搭配整体风格，采用了很多折面造型的款式，使得整个空间更加统一、更加立体。

GAINSBOROUGH

AUDREY HEPBURN
AUDREY HEPBURN

福州华润橡树湾橡府一期9#样板房

HUARUN OAK BAY OAK MANSION OF FUZHOU I MODEL 9#

主案设计：刘伟婷
项目地点：福建福州
项目面积：310平方米
设计公司：刘伟婷设计师有限公司创

当你踏进这个家门，便可以看到一对特别订制的水晶壁灯， 优美地照射着门廊，弥漫着柔美、明亮和优雅的感觉。大自然给我们很多的设计启发与灵感，我们希望传达自然之美，同时通过设计创新让传统的艺术可持续性地发展。

设计以浅香槟金色和白色作为居所整体的用色主题，再配以天然石材和木材作为物料。优美的自然裸色与优雅的设计融合起来，打造出一个迷人又舒适的家居，就像在大自然环境中一朵突围而出的美艳花儿。宽广的门厅，各占一边的华美饭厅及优雅客厅，还有家中各式各样的花卉设计，闪亮色彩、流丽线条、软硬对比的面材等，无不叫人赞美有加。

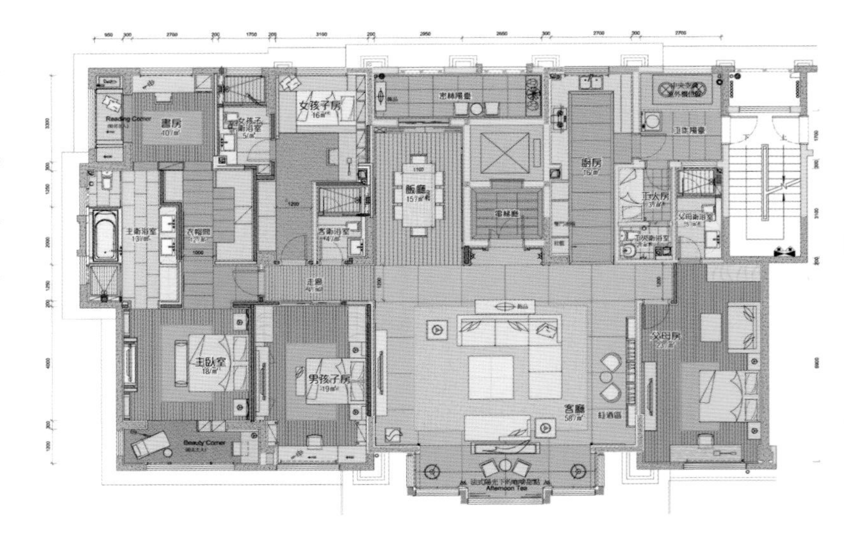

将生活品味表达于家居空间中最简单的方法就是尽情地去表达自己，增加一些具有情感意义的对象于空中，几株新鲜的花朵，空间生活美学就如此简单地开始。

设计融合东、西方的文化特质，古典与现代之间做一种中性的诠释。家具与空间的比例或颜色可以玩出一些鲜明，营造丰富的空间层次。

设计团队认为所谓自我的生活美学并非是一位顶尖设计师帮你完成一切，居家空间最主要也最难营造的是一种“人”的味道，也许每一张椅子，每一只杯碟都是来自名师设计，但假如少了人的感情，空间就像是无生命的面体。设计本来就不需要过度矫情，反而渴望其他的居家价值观。

山形和撒那

YAMAGA TA HDSANNA

主案设计：任萃
项目地点：台湾台北
项目面积：116平方米
设计公司：十分之一设计事业有限公司
主要材料：白色烤漆，酸梅木，麻，丝缎，白色人造石

和撒那维希伯来语在圣经的新约福音与四福音书中里是赞美神的惊叹词。

本基地位于一林荫山边，业主为一虔诚基督徒家庭。男主人与女主人为了能让每周的开放家庭聚会能有更宽广的空间，故将原本的四房改为两房，并把客餐厅、开放厨房、图书区作为最大区域的开放使用。

以山为形，以树为体。将四周环境的山形引入室内，是为了隐藏贯穿客厅与餐厅中间的结构梁体。随意停留在各角落的漂流木，是家中成员因着工作关系而在不同时期搜集摆饰，兼具家具与时间记忆的角色。每个停留在空间角落的漂流木，有着恰如其分的命定。

时而从天际线洒下的灯光，犹如山形与山形间相互辉映的曙光。地面光洁倒影的间接光，犹如从山谷泄出的余晖，带给室内和煦温暖的照明。

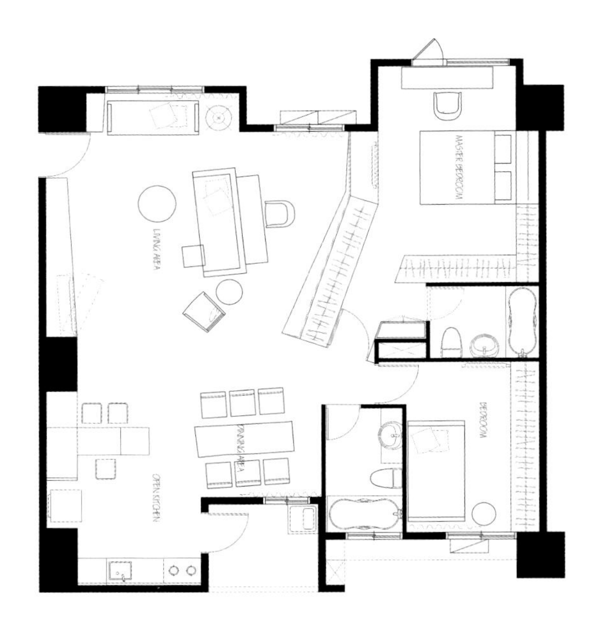

品宅

GREAT MANSION

主案设计：黄士华，袁筱媛，孟羿彣
项目地点：台湾台北
项目面积：200平方米
设计公司：柏隐巷设计顾问有限公司
主要材料：意大利理石，超白洞石，米黄洞石，柚木，胡桃实木地板，强化烤漆玻璃，黑镜，橡木，白色烤漆，白色鳄鱼皮革

品宅，一种浑然天成的品味，一种自在舒服的私宅，品味与人居关系的连结。

业主回台前已在洛杉矶生活十几年，此项目与客户沟通时间甚长，定位设计方向，在设计之初，我们希望打造一种品味生活的空间感受，舍去繁复的装修与装饰，让生活回归本质"光线、动线与质感"，空间大面的留白，是为了让居住者在生活中可以注入自我的灵魂，透过个人收藏、家具摆设等方式，让空间是属于居住者，而非居住者去适应空间。

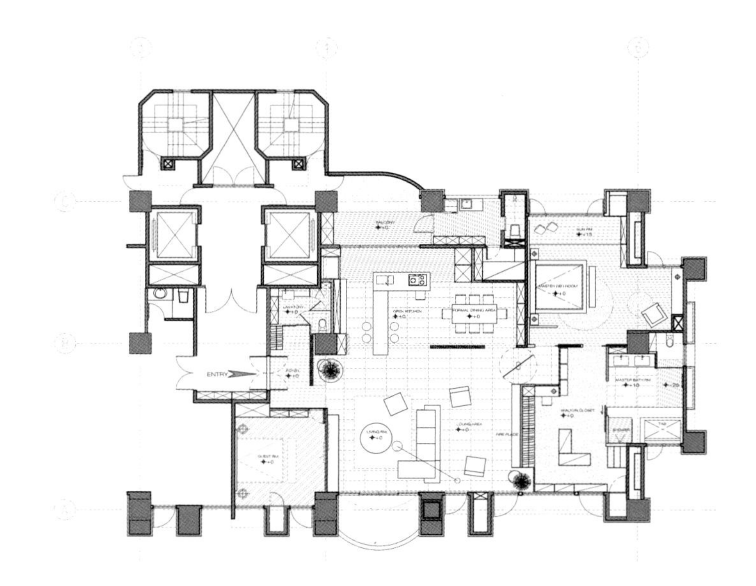

本案使用折角木格栅作为玄关与厨房的空间划分，透过木格栅让光影错落有秩，让光线在空间中随着人影与日光自在流动，塑造舒适的空间。客厅与餐厅中间的淡金色不锈钢天花置入银河般的光签，打造业主Party时的星光走道，也让喜爱夜晚小酌时连同屋外天空的繁星点点，制造浪漫。业主因生活于洛杉矶养成的习惯，提出需要较大比例的厨房，我们将厨房与餐厅结合，对应于客厅与Lounge Area，中间以折角木格栅作为区分，若影若现的视觉，让空间产生动感，餐桌旁的黑色镜面设备柜，中间嵌入电视，让主人在做菜时能参考烹饪教学或是新闻。

电视墙面的凿面超白洞石以黑铁作为分割，细长的比例搭配黑与白，是浪漫感性的品宅中唯一的线性空间，简约洗练，呈现业主的品味质感，另一面的马赛克与两色鳄鱼皮纹则是感性的堆积，下方为开放壁炉，此为Lounge Area。因为空间的主角是人，并非材料，木皮为空间带来温润感，意大利理石的冰冷与木皮相互冲突，却又相互包容，品宅自然而生。

“光线、动线与质感”为品宅的设计概念，天花板的设计主要是保持空间高度，并以全局照明的概念处理，入口玄关与餐厅的天花板是空间的最低点，玄关地面为倒角实木地板，强化脚踩的感受，进入到客厅之后空间感因天花与木格栅产生变化，而地面也转换成大理石，这点是考虑人从外面嘈杂的环境回到家中，第一个感受应该是平静、稳定感，随着不同空间与光影变换，让心理慢慢放松，天花上的银河状光纤则是体现业主的浪漫个性。

主卧室内则彷佛成为业主心灵的呈现，以白色系为主的空间，象征女性的单纯，主床头墙的格栅延续公共空间的造型，并勾上随性的比例，床头前方为白色鳄鱼皮门板与白色烤漆柜，当光影随着纹理洒落时，是白色的空间中的惊喜；转进更衣间，第一眼可见到Stars War Pop Art ，天花板上则是Swarovski Crystal Lamp，主浴室整体使用复古面南非理石，搭配柚木实木地板，呈现舒适感受，洗手台上方镜柜嵌入电视，方便业主晨间、夜晚能收看新闻。

客用洗手间配置于玄关旁，区隔并维持业主的私密空间隐私性，采用黄色洞石材料，让使用者能彻底放松，恰到好处的灯光，让人立即忘却生活于都市的紧张感。客房以舒服、质感为主调，床头采用橡木实木板，墙面辅以淡褐色涂料，两侧吊灯则让空间产生对比。

配饰上着重材料质感，选用设计师品牌的落地灯与台灯，黑铁质感搭配沙发真皮，阳台上放置藤编的吊椅，夜晚可欣赏101夜景，整体带点慵懒的元素材料与颜色搭配，结合上述设计理念与手法，为“品宅”。

九夏云水样板房

JIUXIA YUNSHUI MODEL

主案设计：郑树芬
项目地点：云南昆明
项目面积：123平方米
设计公司：SCD郑树芬设计事务所
主要材料：进口墙纸，瓷砖，木饰面

本套案例位于历史文化名城昆明的国家旅游度假区内，比邻最清澈的采莲河，真正做到了傍水而依。既能近享城市的繁华，又可坐拥周边的高端居住环境，是一个以别墅、洋房为主的低密度高端社区。优美宁静的户外景区给了设计师更多的创意，设计师将多种柔和的色调各式纹理营造出一种简欧复古风。设计师选用了各种中性色与蓝绿色调搭配定义，同时随处可见的工艺品挑战样板房空间比例，反映出主人翁优雅的品味与精致的生活。

样板房自然光线充足，室内空间与大自然之间的联系决定了设计师色调搭配，草绿色的沙发采用丝绒的面料，轻轻用手抚摸发现非常舒适，在阳光的照射下，不同的梳理方式呈现的光泽度各异，质感非常强。两单人位的沙发也采用了丝绒的面料，与整体的中性色调显得和谐，最值得一提的是家具的做旧工艺，采用本色橡木拉丝面，呈现出一种简欧复古风，复古家具不仅有菱角式样，而电视柜则采用了中式的铜钱花纹，这便是郑树芬先生总给人一种出乎意料的设计理念。可以说各种材质的运用、纹理的贯穿，构成了整个样板房的亮点之一。

从户外的草木葱郁至室内清爽而典雅，这种细腻的手法运用延伸至居室。主卧门厅由现代白色木花型构成犹如白桦树般纹理效果，打造出有如破云而出的阳光大放光芒的效果。主人房蓝与米色浑然一体，大床采用深蓝色的软包丝面与墙面雕花墙纸相呼应，最迷人的莫过于玻璃窗外大抹的绿意，穿透心扉。客房拥有一个大阳台直接与客厅阳台相通，不仅开阔了视野，更是增加了使用空间。儿童房则以简约清新为主，户外的绿色给孩子更多的想象娱乐空间。

厨房、书房采都是紧邻餐厅，且均采用了开放式的门帘，扩大了使用空间。书房橡木色的木地板与家具成一体。郑先生的软装搭配手法一直被业内称颂，而这个小小的书房也不例外，装饰画与简单的艺术品的混搭，顿时让书房显得安静而舒心。

GALERIE ADRIEN MAEGHT
46 rue du bac Paris 75007

EXHIBITION DESIGN

建筑读库

涵盖建筑、室内设计与装修、景观、园林、植物等类型电子读物的移动阅读平台。

功能特色：

1.标记批注——随看随记，用颜色标重点，写心得体会。

2.智能播放——书签、分享、自动记录上次观看位置；贴心阅读，同步周到。

3.随时下载——海量内容，安装后即可下载；随身携带，方便快捷。

4.音视频多媒体——有声有色，让读书立体起来，丰富起来！

在这里，建筑、景观、园林设计师们可以找到国内外最新、最热、最顶尖设计师的设计作品，上万个设计项目任您过目；业主们可以找到各式各样符合自己需求的设计风格，家装、庭院、花园，中式欧式、混搭、田园……应有尽有；花草植物爱好者能了解到最具权威性的知识，欣赏、研究、栽培，全面剖析……海量阅读内容，丰富阅读体验，建筑读库——满足您。

购买本书，免费获得高清电子版

下载APP，注册成为会员

点击“个人中心”—“促销码”页面

输入促销码【848511】

点击“书架”—“云端书架”

即可免费下载阅读本书电子版